Strasbourg
1899

Bühler, Georg

Grundriss der Indo-arischen Philologie und Altertumskunde

Astronomie, Astrologie und Mathematik

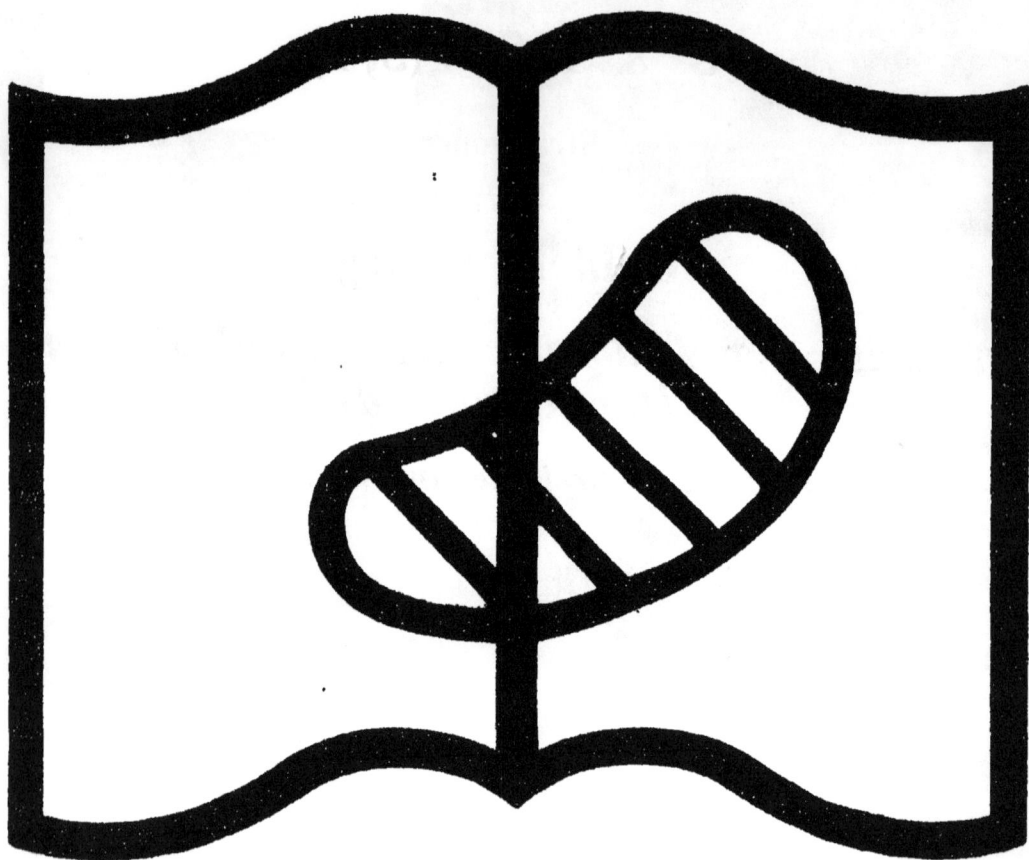

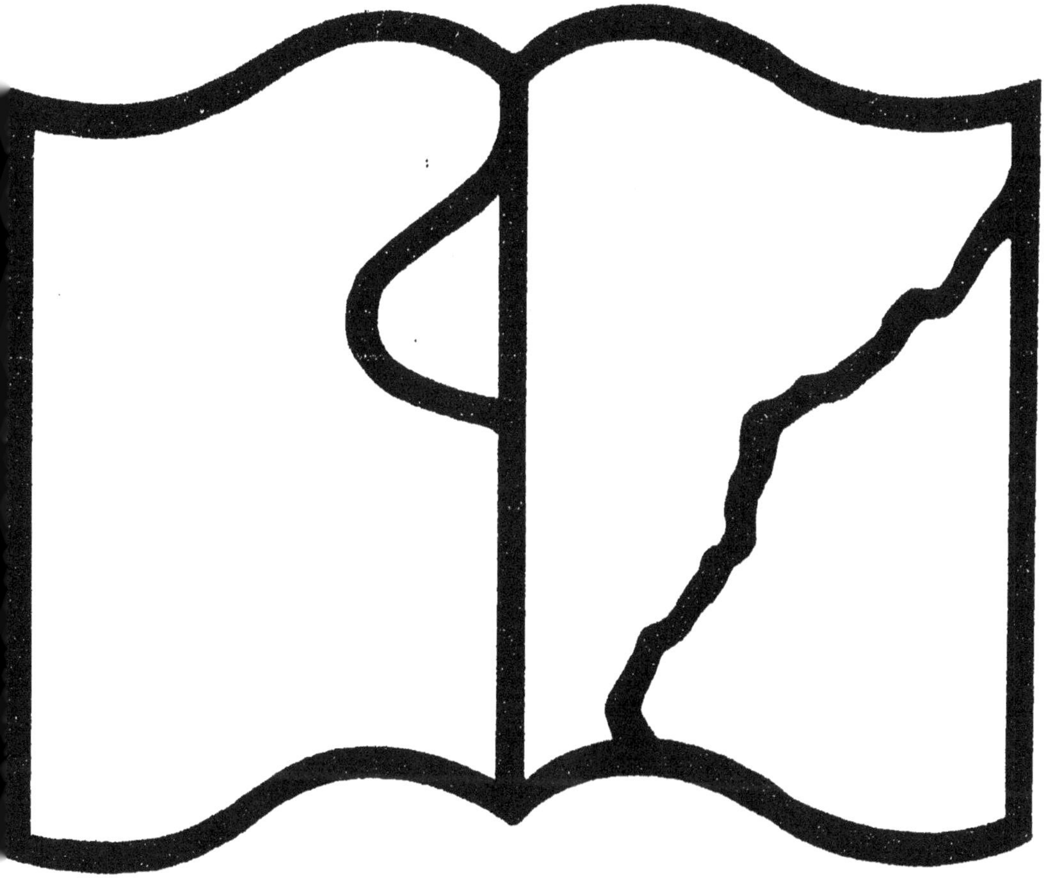

Symbole applicable
pour tout, ou partie
des documents microfilmés

Texte détérioré — reliure défectueuse

NF Z 43-120-11

III. BAND, 9. HEFT.

Subskriptionspreis M. 3.50.
Einzelpreis „ 4.—.

GRUNDRISS

DER

INDO-ARISCHEN PHILOLOGIE

UND

ALTERTUMSKUNDE

UNTER MITWIRKUNG VON

A. BAINES-LONDON, R. G. BHANDARKAR-PUNA, M. BLOOMFIELD-BALTIMORE, J. BURGESS-EDINBURGH, J. F. FLEET-LONDON, O. FRANKE-KÖNIGSBERG, R. GARBE-TÜBINGEN, W. GEIGER-ERLANGEN, K. GELDNER-BERLIN, G. A. GRIERSON-CALCUTTA, A. HILLEBRANDT-BRESLAU, H. JACOBI-BONN, J. JOLLY-WÜRZBURG, H. KERN-LEIDEN, E. KUHN-MÜNCHEN, E. LEUMANN-STRASSBURG, B. LIEBICH-BRESLAU, H. LÜDERS-GÖTTINGEN, A. A. MACDONELL-OXFORD, R. MERINGER-WIEN, R. PISCHEL-HALLE, E. J. RAPSON-LONDON, J. S. SPEYER-GRONINGEN, M. A. STEIN-CALCUTTA, G. THIBAUT-ALLAHABAD, A. VENIS-BENARES, SIR R. WEST-LONDON, M. WINTERNITZ-PRAG, TH. ZACHARIAE-HALLE

BEGRÜNDET

VON

GEORG BÜHLER

FORTGESETZT

VON

F. KIELHORN.

ASTRONOMIE, ASTROLOGIE UND MATHEMATIK

VON

G. THIBAUT.

STRASSBURG
VERLAG VON KARL J. TRÜBNER
1899.

In diesem Werk soll zum ersten Mal der Versuch gemacht werden, einen Gesamtüberblick über die einzelnen Gebiete der indoarischen Philologie und Altertumskunde in knapper und systematischer Darstellung zu geben. Die Mehrzahl der Gegenstände wird damit überhaupt zum ersten Mal eine zusammenhängende abgerundete Behandlung erfahren; deshalb darf von dem Werk reicher Gewinn für die Wissenschaft selbst erhofft werden, trotzdem es in erster Linie für Lernende bestimmt ist.

Etwa dreissig Gelehrte aus Deutschland, Österreich, England, Holland, Indien und Amerika haben sich vereinigt, um diese Aufgabe zu lösen, wobei ein Teil der Mitarbeiter ihre Beiträge deutsch, die übrigen sie englisch abfassen werden. (Siehe nachfolgenden Plan.)

Besteht schon in der räumlichen Entfernung vieler Mitarbeiter eine grössere Schwierigkeit als bei anderen ähnlichen Unternehmungen, so schien es auch geboten, die Unzuträglichkeit der meisten Sammelwerke, welche durch den unberechenbaren Ablieferungstermin der einzelnen Beiträge entsteht, dadurch zu vermeiden, dass die einzelnen Abschnitte gleich nach ihrer Ablieferung einzeln gedruckt und ausgegeben werden.

Das Werk wird aus drei Bänden Lex. 8° im ungefähren Umfang von je 1100 Seiten bestehen, in der Ausstattung des in demselben Verlag erscheinenden *Grundrisses der iranischen Philologie*. Der Subskriptionspreis des ganzen Werkes beträgt durchschnittlich 65 Pf. pro Druckbogen von 16 Seiten, der Preis der einzelnen Hefte durchschnittlich 80 Pf. pro Druckbogen. Auch für die Tafeln und Karten wird den Subskribenten eine Ermässigung von 20% auf den Einzelpreis zugesichert. Über die Einteilung des Werkes giebt der auf Seite 3 dieses Umschlags befindliche Plan Auskunft.

STRASSBURG, im September 1899.

Die Verlagshandlung.

The Encyclopedia of Indo-Aryan Research contains the first attempt at a complete, systematic and concise survey of the vast field of Indian languages, religion, history, antiquities, and art, most of which subjects have never before been treated in a connected form. Though the Encyclopedia is primarily intended as a book of reference for students, it will nevertheless be useful to all connected with India; and though it chiefly summarises the results achieved, it will also contain much that is new and leads up to further research.

About thirty scholars of various nationalities, — from Austria, England, Germany, India, the Netherlands and the United States — have promised to unite in order to accomplish this task. The contributions will be written either in English or in German.

Each part (see the Plan) will be published separately and with a separate pagination.

The work will consist of three volumes, each of about 1100 pages royal octavo. The subscription for the complete work will be at the rate of about 65 Pfennig (8 d), the price of a single part at the rate of 80 Pfennig (10 d), per sheet of 16 pages. Subscribers will also enjoy a reduction of 20 percent for plates and maps.

For the plan of the work see page 3 of this cover.

The Publisher.

☞ Auf Wunsch einiger Bibliotheken werden von jetzt an den einzelnen Heften vorläufige eigene Titelblätter beigegeben. Auch von den bereits erschienenen Heften sind solche Titelblätter nachträglich zu haben und werden auf Verlangen durch die Buchhandlungen, welche die Subskription vermittelt haben, unentgeltlich nachgeliefert.

Die Verlagshandlung.

GRUNDRISS DER INDO-ARISCHEN PHILOLOGIE UND ALTERTUMSKUNDE
(ENCYCLOPEDIA OF INDO-ARYAN RESEARCH)
BEGRÜNDET VON G. BÜHLER, FORTGESETZT VON F. KIELHORN.
III. BAND, 9. HEFT.

ASTRONOMIE,

ASTROLOGIE UND MATHEMATIK

VON

G. THIBAUT.

STRASSBURG
VERLAG VON KARL J. TRÜBNER.
1899.

GRUNDRISS DER INDO-ARISCHEN PHILOLOGIE UND ALTERTUMSKUNDE
(ENCYCLOPEDIA OF INDO-ARYAN RESEARCH)
BEGRÜNDET VON G. BÜHLER, FORTGESETZT VON F. KIELHORN.
III. BAND, 9. HEFT.

ASTRONOMIE, ASTROLOGIE UND MATHEMATIK

VON

G. THIBAUT.

EINLEITUNG.

§ 1. Die Astronomie und Mathematik der Inder, besonders die erstere, haben verhältnismässig frühe die Aufmerksamkeit der europäischen Gelehrten auf sich gezogen. Schon gegen Ende des 17. Jahrhunderts machte G. D. CASSINI die Regeln der siamesischen Astronomie, welche durchaus auf indischen Lehren beruhen, zum Gegenstand einer Untersuchung; und ein 1773 veröffentlichtes Mémoire LE GENTILS — welcher Gelegenheit gehabt hatte, sich in Pondicheri mit den astronomischen Methoden der Brahmanen bekannt zu machen — enthält schon eine ziemlich ausführliche Darstellung der Hauptpunkte des indischen Systems. Die Astronomie der Inder wurde auf diese Weise dem Westen früher bekannt als irgend ein anderer Zweig der indischen Litteratur und Wissenschaft. Eine auf bedeutend breiterer Grundlage beruhende Darstellung des indischen Systems wurde 1787 von J. S. BAILLY gegeben in seinem umfangreichen »Traité de l'Astronomie Indienne et Orientale«; und mit diesem bedeutenden Werke beginnen zugleich die Untersuchungen über den Ursprung und die Geschichte der indischen Astronomie. Die Thatsache, dass man im fernen Osten bei einem Volke, dessen Ideen, Kenntnisse und Institutionen in keiner Beziehung auf westlichen Einfluss hinzuweisen schienen, ein System der Astronomie antraf, welches zwar der entwickelten modernen europäischen Astronomie sehr bedeutend nachstand, aber immerhin es möglich machte, die wahren Örter von Sonne, Mond und Planeten vorauszubestimmen und Mond- und sogar Sonnenfinsternisse mit leidlicher Genauigkeit zu berechnen, konnte natürlich nicht verfehlen, das Interesse von Astronomen sowohl als Altertumsforschern in hohem Grade zu erwecken und zu Speculationen zu ihrer Erklärung anzuregen. BAILLY selbst gab für das indische System ein enormes Alter zu und bemühte sich nachzuweisen, dass die Abweichungen der indischen Bestimmungen von den modernen europäischen daraus zu erklären wären, dass die indischen Werte wirkliche Verhältnisse darstellten, die vor vielen Jahrtausenden stattgehabt hätten. Diese Theorie fand jedoch wenig Beifall und wurde, von 1799 an, mit besonderer Schärfe von J. BENTLEY bekämpft, dessen Ansichten in seinem 1825 veröffentlichten »Historical View of the Hindoo Astronomy« eine abschliessende Darstellung fanden. Während BENTLEY in seiner Opposition gegen BAILLYS phantastische Hypothese unzweifelhaft Recht hatte, ging er andrerseits viel zu weit in seinen Versuchen, das indische astronomische System als eine Fabrikation ganz später Zeit darzustellen. Im Vertrauen auf eine einseitig mathematisch-astronomische Methode das Alter astronomischer Werke aus ihren Angaben über die mittleren Bewegungen der Himmelskörper zu bestimmen, unterliess er es ganz, historisch-litterarischen Erwägungen ihr Recht zu geben; und in Folge davon entbehren die von ihm aufgestellten Perioden der indischen Astronomie in ihrer Weise ebenso sehr der Begründung als Baillys Constructionen.

Mittlerweile war die Kenntniss des Systems durch verschiedene in Indien arbeitende englische Gelehrte ungemein vertieft und erweitert worden. Es sind hier zu nennen S. Davis, dessen i. J. 1789 veröffentlichte Abhandlung »On the astronomical computations of the Hindoos« eine vortreffliche Darstellung der Lehren des Sūrya-Siddhānta gab, und vor allem H. Colebrooke, der erste Forscher auf diesem Gebiet, der mit competenter Kenntniss der Astronomie und Mathematik gründliche Sanskritgelehrsamkeit vereinigte. Seine verschiedenen Abhandlungen über indische Astronomie, die auf umfassendem Quellenstudium beruhen und sich durch grosse Besonnenheit des Urteils auszeichnen, sind noch heute von hohem Wert; und sein Werk über die Arithmetik und Algebra der Hindūs hat diesen Zweig des Wissens im Wesentlichen abschliessend dargestellt. Zu nennen ist ferner das 1825 erschienene Werk J. Warrens — Kalasaṃkalita betitelt — welches eine Fülle von Belehrung über kalendarische und chronologische, und überhaupt astronomische, Berechnungen enthält, besonders nach den südindischen Methoden. Eine 1827 in Madras veröffentlichte Abhandlung von C. M. Whish ist die erste Arbeit, die sich ausführlicher auf den vermutlichen Einfluss der griechischen Astronomie und Astrologie auf Indien einlässt.

Durch die genannten Arbeiten war die europäische Gelehrsamkeit mit den wesentlichen Zügen derjenigen Stufe der indischen Astronomie bekannt geworden, welche durch den Sūrya-Siddhānta und ähnliche Werke repräsentirt wird. Bedeutend vervollständigt wurde diese Kenntniss erst durch einige viel später erschienene Arbeiten, worunter zu nennen sind Hoisingtons Oriental Astronomer (Jaffna 1849), die Übersetzung eines Teiles von Bhāskara's Siddhānta-Śiromaṇi durch L. Wilkinson und Bāpudeva Śāstrin (1861) und vor allem Burgess-Whitneys Übersetzung des Sūrya-Siddhānta (1858). Das grundlegende Werk des indischen Systems wurde hier zum ersten Male in vollständiger, genauer Übersetzung mitgeteilt, und zugleich alle darin angewandten Methoden eingehender und schärfer erklärt und kritisirt als je zuvor. Ein sorgfältiges Studium dieses Werkes bildet die unerlässliche Einleitung für Jeden, der sich gründlich mit indischer Astronomie bekannt zu machen wünscht.

In der Zwischenzeit war das Studium der indischen Litteratur und aller damit verknüpften Fragen im Allgemeinen ungemein fortgeschritten, und die so erlangte bessere Einsicht in die Stufen indischer Geistesentwicklung fing selbstverständlich an, auch auf die Behandlung astronomischer Fragen einzuwirken. Die Erörterung historisch interessanter Punkte trat in den Vordergrund, als i. J. 1840 J. B. Biot die These aufstellte, dass das schon von Colebrooke erörterte System der Nakṣatras, d. i. der 27 oder 28 Constellationen oder Abschnitte, in welche die Inder von Alters her die Sphäre einteilten, aus China entlehnt sei; es gab dies Anlass zu einer langen, von vielen bedeutenden Gelehrten weitergeführten Controverse, in welcher die Ergebnisse des neuen Vedastudiums zur Beurteilung astronomisch-chronologischer Fragen ausgiebig verwertet wurden. Hervorzuheben sind in dieser Beziehung die Arbeiten Whitneys, Max Müllers und A. Webers, welch letzterer besonders alles, was für solche Probleme aus dem Veda gewonnen werden kann, mit ausserordentlicher Gelehrsamkeit zusammenstellte. Die von Biot angeregte Frage ist freilich bis zur Stunde noch nicht entschieden; und wie überhaupt die vedischen Nachrichten über Astronomisches und Kalendarisches zu deuten und zu verwerten sind, darüber hat sich erst in den letzten Jahren wieder eine neue Controverse erhoben, welche sehr beträchtliche Meinungsdifferenzen offenbart hat. Im grossen Ganzen aber hat man doch jetzt klare Begriffe über die allgemeinen Perioden des astronomischen Wissens in Indien gewonnen, wie solche im Verlauf dieser Arbeit charakterisirt werden sollen.

Nächst der Frage über die Tragweite des vedischen astronomischen Materials ist das wichtigste Problem das, wann und auf welche Weise das wissenschaftliche System entstanden sein mag, welches im Sūrya-Siddhānta und verwandten Werken vorliegt. Dass dasselbe kein sehr hohes Alter beanspruchen kann, sondern kaum viel über den Anfang der christlichen Ära zurückdatirt werden darf, ist gegenwärtig ziemlich allgemein anerkannt. Ebenso wird fast allgemein zugestanden, dass das System keine selbstständige indische Schöpfung ist, sondern auf einer Verarbeitung griechischer Ideen beruht, denen durch die eigentümliche Methode und Form der Darstellung ein indisches Gepräge aufgedrückt worden ist. Als bedeutende Vertreter dieser Ansicht mögen BIOT und WHITNEY genannt werden und als ein wichtiger Beitrag zur näheren Kenntnis der Entstehungsgeschichte des Systems die Einleitung zu KERNS Ausgabe von Varāha-Mihiras Bṛhat-Saṃhitā. Wichtig ist ebenfalls die von dem letzteren Gelehrten besorgte Ausgabe des uns erhaltenen astronomischen Werkes des Āryabhaṭa. Ein tieferer und genauerer Einblick in den Ursprung und die frühe Geschichte des Systems wurde aber erst möglich durch das Bekanntwerden (1889) der Pañcasiddhāntikā des Varāha-Mihira, welche einen Abriss der Lehren der fünf im Anfange des 6. Jahrhunderts n. Chr. in Indien als autoritativ anerkannten astronomischen Lehrbücher gibt. In der Einleitung zur Ausgabe dieses Werkes wurde der Versuch gemacht, die sich aus demselben und anderen alten Quellen ergebenden Aufschlüsse zur Erkenntniss der früheren Geschichte des Systems zu verwerten. In derselben Weise, aber viel ausführlicher, ist seitdem ŚANKAR BĀLKṚṢṆA DIKṢIT vorgegangen, in seiner in Marāṭhī geschriebenen Geschichte der indischen Astronomie (1896), dem bei weitem reichhaltigsten Werke, das wir bis jetzt über diesen Gegenstand haben. Ob freilich Ś. B. D.s Hauptthese, dass nämlich das wissenschaftliche System der Inder eine wesentlich selbstständige, auf indischen Beobachtungen beruhende Schöpfung sei, Beifall finden wird, bleibt abzuwarten. Das Werk ist besonders ausführlich über die spätere astronomische Litteratur von Brahmagupta an, ist darin aber teilweise von der in Sanskrit geschriebenen Gaṇaka-Taraṃgiṇī (verfasst von PAṆḌIT SUDHĀKAR DVIVEDĪ, 1892) anticipirt worden.

Auf die zwei Hauptprobleme, die dem Studium der indischen Astronomie ein höheres Interesse verleihen, ist im Obigen hingewiesen worden. Eine weitergehende genaue Durchforschung der älteren Siddhānta-Litteratur bis etwa auf Brahmagupta wird nicht verfehlen, zur Aufhellung der zweiten der genannten Fragen beizutragen. Das Interesse an der späteren Litteratur ist an sich ganz gering, da dieselbe sich nur mit immer erneuerter Darstellung der alten Lehren beschäftigt, ohne irgendwelchen wesentlichen Fortschritt zu repräsentiren. Auch die Einwirkung, welche seit der Zeit der muhamedanischen Eroberungen in Indien die arabisch-persische Astronomie auf die indische ausgeübt hat, kann kaum ein höheres Interesse als das eines historischen Curiosums beanspruchen. — Was die Inder vor der Zeit der Entstehung ihres wissenschaftlichen Systems, d. h. also, nach der vorherrschenden Annahme, vor der Zeit griechischen Einflusses, über astronomische Dinge wussten und theorisirten, ist nicht viel und sehr primitiver Natur; immerhin aber sind diese Ansichten insofern interessant, als sie das eigentliche national-indische System repräsentiren. Und, uns einem höheren Altertume zuwendend, müssen wir zugestehen, dass alles, was sich von astronomischen Daten aus dem Veda gewinnen lässt, insofern eine grosse Wichtigkeit besitzt, als es auf die Periode, welcher dieser Zweig der indischen Litteratur angehört, Licht zu verbreiten verspricht; und ausserdem darf es dasjenige allgemein philosophische Interesse beanspruchen, welches wir überall den Anfängen der Dinge entgegenbringen.

Ausser dem theoretischen Interesse, das die indische Astronomie und Mathemathik für uns hat, hat das Studium derselben auch seine praktische Seite, indem es uns befähigt, die chronologischen und kalendarischen Berechnungen der Hindūs zu verstehen; es wird in dieser Hinsicht eine unentbehrliche Hilfswissenschaft der indischen Geschichte. Die nähere Betrachtung dieser praktischen Anwendungen liegt ausserhalb des Rahmens dieser Arbeit; als Hauptwerke, welche diesen Zwecken dienen, mögen hier nur das schon oben erwähnte Kālasaṃkalita von Warren erwähnt werden, und unter den ziemlich zahlreichen neueren Werken »The Indian Calendar« von R. Sewell und Śankar Bālkṛṣṇa Dikṣit (1896).

Im Obigen konnte nur auf die Hauptpunkte in der Entwicklung des modernen, nach der Methode europäischer Wissenschaft vorgehenden Studiums der indischen Astronomie Rücksicht genommen werden. Die meisten der genannten Werke werden im Verlauf dieser Arbeit wieder genannt und citirt werden. Eine sehr nützliche detaillirte Übersicht des europäischen Wissens von indischer Astronomie wurde von J. Burgess gegeben (Notes on Hindu Astronomy and the History of our Knowledge of it; JRAS. 1893).

ERSTES KAPITEL. ASTRONOMIE.

§ 2. Die drei Perioden. — Wenn wir uns eine Übersicht des von den Indern auf astronomischem Gebiete Geleisteten verschaffen wollen, teilen wir das ganze Feld am besten in drei durch historische Rücksichten bestimmte Sektionen ein. Eine Abteilung umfasst die ganze Zahl von Werken, als deren best bekannte Typen der Sūrya-Siddhānta und der Siddhānta-Śiromaṇi angesehen werden dürfen, Werke, die dasjenige System repräsentiren, welches man gewöhnlich meint, wenn man im Allgemeinen von indischer Astronomie spricht. Die frühesten Werke dieser Art sind, wie wir unten sehen werden, wahrscheinlich in den früheren Jahrhunderten der christlichen Āra entstanden; das von der ganzen Klasse vertretene System hat erst im Laufe des gegenwärtigen Jahrhunderts angefangen, dem Einfluss moderner europäischer Astronomie zu weichen. Dass es selbst aber kein ungemischt echtes Produkt indischer Wissenschaft ist, sondern in seinen Grundzügen als auf der alexandrinisch-griechischen Astronomie beruhend zu betrachten ist, wird heutzutage fast allgemein zugegeben. Wir haben uns daher weiter der Frage zuzuwenden, welche astronomischen Ansichten in Indien vorherrschten, ehe sich der griechische Einfluss geltend machte. Die litterarischen Denkmäler, die uns befähigen, diese Frage zu beantworten, sind hauptsächlich das sog. Jyotiṣa-Vedāṅga, das astronomische Buch der Jaina und gewisse Kapitel der Purāṇas. Und da alle diese Werke der nachvedischen Periode anzugehören scheinen, d. h. einer Periode, die später ist als die der Brāhmaṇas, so wird es fernerhin unsere Aufgabe sein, uns einen Begriff zu bilden von dem Stande der astronomischen Kenntnisse in Indien in der vedischen Periode, worunter wir hier den ganzen Zeitraum verstehen wollen, dem die Saṃhitās sowohl als die Brāhmaṇas angehören. Wir haben aus dieser Periode keine Texte speciell astronomischen Inhalts, sondern müssen uns damit begnügen, diejenigen Stellen in den Werken der zwei genannten Klassen zu verwerten, welche auf Dinge astronomischer Natur Bezug nehmen.

Der historischen Ordnung folgend beginnen wir unsere Darstellung mit der letzterwähnten, aber zeitlich ersten Periode, der vedischen, für welche unsere Quellen die Saṃhitās und Brāhmaṇas sind, in zweiter Linie auch die

Kalpa- und Gṛhya-Sūtras, insofern sie das von den Brāhmaṇas Gebotene systematisiren, und selbst ausserhalb der Sūtra-Litteratur stehende Werke wie das Jyotiṣa-Vedāṅga, das wir oben der zweiten Periode zugerechnet haben, das aber zugleich als eine Art Abschluss der ersten Periode betrachtet werden kann. Eine genaue Abgrenzung der ersten und zweiten Periode lässt sich überhaupt nicht bewerkstelligen; um die vereinzelten astronomischen Andeutungen der früheren Periode zu verstehen, sind wir genötigt, sie mit den mehr systematischen und uns vollständiger bekannten Darstellungen der zweiten Periode zusammenzuhalten, wobei die letzteren teils durch Übereinstimmung, teils durch Kontrast dazu beitragen, die ersteren zu erleuchten.

Es liegt nicht im Rahmen dieser Arbeit, den Mythenstoff der vedischen Litteratur zu analysiren mit Bezug auf die Frage, wie weit ihm etwa astronomische oder kosmologische Anschauungen zu Grunde liegen mögen. In gewissem Sinne steht ja freilich ein bedeutender Teil der vedischen religiösen Anschauungen in einem nahen Verhältnis zur Astronomie. Gegenstand der Verehrung sind von Alters her vornehmlich die Lichtgötter, besonders der Sonnengott in vielfachen Formen und die Morgenröte, dann, wenn auch in schwerer zu bestimmendem Masse, der Mondgott. Andere viel verehrte Gottheiten, wie die Aśvins, gehören, wenigstens höchst wahrscheinlich, ebenfalls dem Reiche der lichten Himmelserscheinungen an. Ein grosser Teil aber dessen, was die alten Hymnen über diese göttlichen Wesen zu sagen haben, ist von zu populärem Charakter, um in Verbindung mit der Geschichte astronomischer Anschauungen erwähnt zu werden; und in anderen Fällen steht uns die Unsicherheit der bisher gegebenen Interpretationen im Wege. Es wäre z. B. interessant, wenn sich der Charakter der Aśvins feststellen liesse, und wir dieselben etwa mit dem bald als Morgen- und bald als Abendstern erscheinenden Planeten identificiren dürften; oder, wie Andere glauben, mit dem Paar der hellsten Planeten, Jupiter und Venus; aber keine der bisher versuchten Identificationen ist überzeugend. Und dass, um ein weiteres Beispiel zu erwähnen, die drei Ṛbhus Genien der Jahreszeiten sind, ist viel zu unsicher, um etwa daraus eine Dreiteilung der Jahreszeiten in altvedischer Zeit zu erschliessen.

Über die astronomischen Elemente in der vedischen Mythologie vgl. alle neueren Werke, die sich mit letzterem Gegenstande beschäftigen, besonders HILLEBRANDT, Vedische Mythologie; OLDENBERG, Religion des Veda; und MACDONELL, Vedic Mythology (III. Band 1. Heft A dieses Grundrisses); ferner den ersten Abschnitt (Vaidik Kāl) von S. B. DIKṢITS Bhāratīya Jyotiḥ-Śāstra.

§ 3. Vedische Periode. — Kenntnis der Himmelskörper. — Wenn wir uns zu dem wenden, was die Veden in nicht-mythischer, direkter Form über die Beschaffenheit und Ordnung der Welt zu sagen haben, so mag zuerst daran erinnert werden, wie oft und emphatisch die vedischen Sänger auf die Gesetzmässigkeit und Regelmässigkeit hinweisen, mit der sich die Phänomene des Naturlebens, besonders die Lichterscheinungen, vollziehen, wie die Sonne in einem Tage Himmel und Erde umeilt, wie die Morgenröten nie den altgewohnten Pfad verfehlen. Die Spur eines naiven Nachdenkens über natürliche Dinge findet sich in dem öfters ausgedrückten Erstaunen, dass die Sonne, obschon von nichts gestützt, nicht vom Himmel herunterfällt. Die Angaben über die allgemeine Anordnung des Weltgebäudes sind zu unbestimmt gehalten, um uns die Construction eines klaren Bildes zu erlauben. Es werden drei Weltgebiete unterschieden: die Erde, der Luftraum und der Lichthimmel. Jeder dieser Bereiche wird manchmal selbst als dreifach bezeichnet; falls hier an eine wirkliche Dreiteilung zu denken sein sollte (und nicht vielmehr an eine der im Veda nicht ungewöhnlichen Übertragungen einer Zahl, die mehreren

Objekten zusammen zukommt, auf jedes einzelne derselben), so ist es schwer sich vorzustellen, was die drei Erden sein sollten; Luftraum und Himmel könnte man sich schon eher als in drei übereinander liegende Regionen eingeteilt denken. Die Erde wird rund genannt; wenn sie daneben auch als vier Ecken habend bezeichnet wird, so bezieht sich dies auf die vier Himmelsgegenden; wo von fünf solchen gesprochen wird, ist die Richtung von oben nach unten mit in Betracht gezogen. Von einer feststehenden Einteilung der Erde in Länder oder Regionen findet sich keine Spur; und wo, wie im Ai. Brā., die Erde *samudra-paryanta* »vom Meer umgrenzt« genannt wird, liegt kein Grund vor, an eine vollständige Umfassung der Erde vom Ocean zu denken, wie sie in der folgenden Periode gelehrt wird. Interessant ist eine Angabe im Jaiminīya-Upaniṣad-Brāhmaṇa, wonach die Mitte der Erde eine Spanne nördlich von dem Plakṣa-Prāsravaṇa liegt, und die Mitte des Himmels da, wo die sieben Ṛṣis (die Sterne des grossen Bären) sind.

Von den beweglichen Himmelskörpern werden in ganz unzweideutiger Weise nur Sonne und Mond erwähnt, in den Brāhmaṇas sowohl als den Saṃhitās. »Nach einander wandeln sie, wie zwei spielende Kinder durchlaufen sie das Luftmeer; alle Wesen überschaut der Eine; die Zeiten ordnend wird der Andere immer neu geboren.« Die Sonne rollt dahin als das Rad der ewigen Ordnung; die Rosse der Sonne durcheilen in einem Tage Himmel und Erde. »Ohne zu rasten, durchkreist sie diese Welten, nach rechts gewendet«. Sie ist Mittags der Erde am nächsten, heisst es in einem Brāhmaṇa, und anderswo, dass sie hundert Yojanas von der Erde entfernt sei. Interessant ist die Angabe des Ai. Brā. (III. 44), dass die Sonne wirklich weder auf- noch untergeht, sondern dadurch, dass sie sich umdreht, in den unteren Regionen, d. h. auf der Erde, abwechselnd Tag und Nacht hervorbringt. Wie die Sonne vom Westen zum Punkte des Aufgangs zurückkehrt, darüber geben die vedischen Texte keinen Aufschluss. Der Mond heisst der Ordner der Zeiten und Monate. Dass er sein Licht von der Sonne erhält, scheinen einige vedische Stellen anzudeuten; doch ist dabei nicht an eine Erleuchtung der Mondscheibe in unserem Sinne zu denken, sondern an eine allmähliche Anfüllung des Mondes während der lichten Monatshälfte mit von der Sonne ausströmendem Lichte. — Sonnenfinsternisse werden in den Veden an verschiedenen Stellen in unzweideutiger Weise erwähnt und daselbst der Action eines Svarbhānu genannten Dämons zugeschrieben; an den nötigen Daten zu einer etwaigen Identification dieser Finsternisse fehlt es natürlich vollständig.

Die Kenntnis der fünf Planeten ist den vedischen Indern öfters abgesprochen worden. Dass ihnen die helleren Planeten, Venus und Jupiter, wenigstens als Planeten, d. i. als Himmelskörper, die ihre Stelle unter den anderen Sternen ändern, unbekannt gewesen sein sollten, ist a priori sehr wenig wahrscheinlich; und es ist ganz wohl möglich, dass der Bṛhaspati der Hymnen ursprünglich nichts anderes war als der spätere Bṛhaspati, d. i. der Planet Jupiter. Eine ganz andere Frage ist, ob die Gesamtheit der fünf Planeten den vedischen Ariern bekannt war. Bestimmtes lässt sich darüber nicht sagen; die auffallende Thatsache, dass die Brāhmaṇas, die so gerne bekannte Zahlenverhältnisse zu allegorisirenden Spielereien verwenden, der fünf Planeten nie Erwähnung thun, lässt es wenig wahrscheinlich erscheinen, dass einige in den Ṛk-Hymnen genannte Fünfzahlen auf die Planeten gedeutet werden dürfen.

Über vedische kosmologische Ansichten vgl. Weber, Indische Studien IX, p. 358 ff.; Wallis, Cosmology of the Rigveda; Macdonell, Vedic Mythology, § 7; Zimmer, Altindisches Leben, p. 357 ff. — Über Sonne und Mond vgl. alle Werke über vedische Mythologie; Kaegi, Der Rigveda, passim; Zimmer, AIL. p. 349 ff.; Abschnitt I von SBD. — Über die vedische Kenntnis der Planeten vgl. Ludwig,

Rigveda III. p. 183 ff.; Zimmer, AIL. p. 355 ff.; Kaegi, Rigveda p. 152; ŚBD. p. 63 ff.; Oldenberg, Religion des Veda, p. 192 ff.

§ 4. Vedische Periode. — Zeitrechnung. — Wir wenden uns zu der Zeitrechnung der vedischen Periode. Alle vedischen Texte sprechen übereinstimmend und ausschliesslich von einem Jahre von 360 Tagen. Stellen, welche diese Länge des Jahres direkt angeben, finden sich in allen Brāhmaṇas; und die 360 Tage und 720 Tage und Nächte des Jahres werden in der Ṛk. S. (I, 164) allegorisch angedeutet; ähnlich bezieht sich Ath. S. IV, 35, 4 auf die zwölf Monate, deren jeder 30 Tage enthält. Ebenso umfassen die grossen *ayana* genannten Somaopfer, die evident ein Jahr dauern sollten, 360 Tage; in späterer Zeit hat sich dies Opferjahr als eine der verschiedenen Jahresformen erhalten und heisst dann *sāvana*, d. i. das mit dem Pressen (*savana*) des Soma verknüpfte Jahr. Die Entstehung eines Jahres von 360 Tagen hat man sich zweifellos so zu denken, dass die Länge eines synodischen Monats rund auf 30 Tage angenommen wird, und demnach dem Jahre, das nicht mehr als zwölf volle Monate enthält, 360 Tage zugeschrieben werden. Monate und Jahre können in dieser Weise als conventionelle Perioden angesehen werden, und man kann daher fortfahren, ihnen die genannten Längen zuzuschreiben, selbst nachdem sich genauere Vorstellungen über ihre wirkliche Länge entwickelt haben. Soll aber zugleich eine Zeitrechnung vorhanden sein, die auf die Jahreszeiten und die wahren Mondwechsel Rücksicht nimmt, so müssen Verbesserungen von zweierlei Art gemacht werden: es müssen Tage oder Monate eingeschoben werden, um das Jahr von 360 Tagen mit dem Lauf der Jahreszeiten in Einklang zu erhalten, und es müssen gewisse synodische Monate als überzählig behandelt werden. Dass schon in der vedischen Periode gewisse Einschaltungen oder Auslassungen vorgenommen wurden, ist sicher; es erhellt dies schon aus der Stelle Ṛk. S. I, 25, 8, welche sagt, dass Varuṇa den zu den zwölf Monaten zugeborenen (Monat) kennt. Was aber der Modus des Verfahrens war, wissen wir nicht, und es ist auffällig, dass nirgends im Veda einer bestimmten Schaltperiode Erwähnung geschieht, und z. B. neben der immer wiederkehrenden Bemerkung, dass das Jahr 360 Tage habe, auf die weiteren fünf oder sechs Tage, die dem eigentlichen Sonnenjahr zukommen, nirgends Bezug genommen wird, ein Mangel, der umsomehr auffällt, als, wie schon erwähnt, die Brāhmaṇas sich gerne in allegorisirend-spielender Weise mit bekannten Zahlenverhältnissen beschäftigen. Dazu kommt der noch mehr auffallende Umstand, dass mehrfach die oben conventionell genannten Längen von Monat und Jahr festgehalten werden in Fällen, wo der conventionelle Wert sehr schlecht am Platze ist. Wenn gesagt wird, dass der Mond 15 Tage zunimmt und ebensoviele abnimmt, so mag dies noch hingehen; bedenklicher schon ist es, wenn ausdrücklich behauptet wird, dass die Sonne 6 Monate gegen Norden und ebensoviele gegen Süden geht; denn da die Texte nur einen dreissigtägigen Monat kennen, so wird hier das Ayana auf 180 Tage angesetzt anstatt auf 183. Dass es sich hier nicht nur um conventionell ungenaue Angaben handelt, sondern vielmehr um ganz verkehrte Anschauungen, zeigt die Stelle im Nidāna-Sūtra, wo gesagt wird, dass die Sonne in jedem der 27 Nakṣatras $13^1/_3$ Tage verweile, und somit das wahre Sonnenjahr auf 360 Tage abgeschätzt wird. Die spätere Zeit weiss freilich allen solchen auffälligen Angaben gerecht zu werden, indem sie Tage, Monate und Jahre verschiedener Art unterscheidet. Dass der Mond je 15 Tage zunimmt und abnimmt, ist ganz richtig, wenn wir nämlich unter einem Tag nicht den natürlichen Tag verstehen, sondern den dreissigsten Teil eines synodischen Monats, den sog. lunaren Tag (*cāndra* oder *tithi*). Ebenso ist gegen die Angaben der Länge der Ayanas und der Zeit, während der die

Sonne in Verbindung mit einem Nakṣatra bleibt, nichts einzuwenden, wenn die dort erwähnten Tage die später sogenannten solaren (*saura*) Tage sind, deren jeder dem 360. Teile des wahren Sonnenjahres gleich ist. Diese Unterscheidungen, mit deren Hilfe die Commentatoren die Schwierigkeiten der vedischen Texte überwinden, sind aber von dem Standpunkte der letzteren aus völlig unzulässig; die Methode, Jahre und Monate künstlich in 360 und 30 Teile zu zerlegen, gehört erst der folgenden, zweiten Periode an. Selbst der Grundbegriff der späteren Zeiteinteilung, der der Tithi, ist den Brāhmaṇas völlig fremd. Die eigentlich vedischen Texte kennen nur einen, den natürlichen Tag; anstatt des Tages sprechen sie oft von der Nacht, eine — wie es scheint — ältere Redeweise. Wie unter diesen Umständen, d. h. bei völlig unklaren Begriffen über die wahre Länge des Jahres und, vermutlich, des Monats, die Einschaltungen zuwege gebracht wurden, die nötig sind, um Mondzeit mit Sonnenzeit und das Jahr von 360 Tagen mit dem wahren Sonnenjahr im Einklang zu erhalten, ist schwer zu verstehen. Wie erwähnt, sprechen schon die Saṃhitās von einem »zugeborenen« (dreizehnten) Monat, und in den Brāhmaṇas wird der 13. Monat oft genannt, manchmal mit Zusätzen die ihn als schwer zu erkennen oder zweifelhaft bezeichnen, Ausdrücke die anzudeuten scheinen, dass es damals eine feste Theorie zur Einschaltung noch nicht gab. Wir wissen, welches System als allen diesen Schwierigkeiten Rechnung tragend schliesslich, d. h. vermutlich gegen das Ende der Sūtra-periode, allgemein angenommen wurde, nämlich das im Jyotiṣa-Vedāṅga, Garga und ähnlichen Werken — die wir unserer zweiten Periode zurechnen — dargestellte. Diesem System liegt ein Sonnenjahr von 366 Tagen zu Grunde, und die Monate die es anwendet, sind nicht dreissigtägige sondern Monate von $29^{15}/_{31}$ Tagen, welche Summe in dreissig Tithis von gleichem Umfang eingeteilt wird. Fünf Jahre von je 366 Tagen enthalten demnach 62 Monate, von denen zwei, einer in der Mitte und einer am Ende der fünfjährigen Periode, als überzählig (*adhika*) behandelt werden. Die fünfjährige Periode lässt sich weiter in 61 Monate von je 30 Tagen einteilen, und auch in 60 solare Monate, wenn man unter einem solchen den 12. Teil von 366 Tagen versteht. Dass aber diese fünfjährige Schaltperiode (ganz abgesehen von solch künstlichen Annahmen wie die Einteilung des synodischen Monats in 30 Tithis und des Sonnenjahres in 12 Monate) schon in vedischer Zeit im Gebrauch gewesen sein sollte, haben wir durchaus kein Recht anzunehmen; nirgends in den Brāhmaṇas findet sie sich erwähnt; und die Anspielungen auf sie, die man in den Hymnen gefunden haben will, sind ganz zweifelhaft. Dass sie nicht einmal in der Sūtraperiode allgemeinen Eingang in vedisch-priesterlichen Kreisen gefunden hatte, beweisen die Angaben, welche die Sūtren des Sāma-Veda über die verschiedenen Jahresarten machen. Dieselben stehen noch ganz auf altvedischem Standpunkt, indem sie als Grundform des Jahres das 360tägige ansehen und von demselben ausdrücklich behaupten, es sei ein auf die Nakṣatras bezügliches Sonnenjahr (*āditya-saṃvatsaro nākṣatraḥ*), weil — wie schon oben erwähnt — die Sonne in soviel Tagen die Nakṣatras durchlaufe, in jedem $13^1/_3$ Tag verweilend. Dann folgen die merkwürdigen Worte: »Nun das um 18 (Tage) grössere (Jahr). Dies ist ein Sonnenjahr in Bezug auf den seitlichen (transversalen) Gang (*ādityasaṃvatsara eva tairyagayanikaḥ*). Denn die Sonne geht beständig einmal (*śaśvad ekadā*) sechs Monate und neun Tage gegen Norden, und ebenso gegen Süden«. Dieses Jahr von 378 Tagen lässt sich nun nur so erklären, dass die Sūtra-Verfasser Kunde hatten von dem Umstand, dass ein Sonnenjahr von 360 Tagen durchaus nicht mit den Beobachtungen der Solstizien im Einklang steht (der »seitliche« *tiryak*- Gang ist die Bewegung der Sonne in Deklination), und dass die richtigere Annahme die eines Sonnenjahres von 366 Tagen wäre. Unter dem Einfluss aber der alten Tradition, dass das Jahr 360 Tage habe, waren sie unfähig, ein 366 tägiges Jahr als das normale zu betrachten, und ergriffen daher den uns freilich ungeheuerlich erscheinenden Ausweg, anzunehmen, dass, während die Sonne in der Regel 180 Tage je nach Norden oder Süden gehe, sie »beständig einmal«, das muss heissen »beständig von Zeit zu Zeit«, 189 Tage auf jedes Ayana verwende. Dies geschieht, bei der Voraussetzung eines 366 tägigen Jahres, jedes dritte Jahr, so dass am Ende von je drei Jahren die Solstizien wieder in Ordnung sind. Wie freilich daneben behauptet werden kann, dass die Sonne immer in 360 Tagen die Nakṣatras durchlaufe, ist nicht abzusehen. Die Texte sagen weiter, dass ein lunares (*cāndramasa*) Jahr 354 Tage habe, und dass die Monate eines solchen Jahres abwechselnd 30 und 29 Tage haben. Auch dies stimmt nicht zu der Annahme eines fünfjährigen Yuga; denn in dem letzteren haben 62 Monate 1830 Tage, während nach den Sāmasūtren sie nur 1829 haben würden, so dass am Ende des fünften Jahres keine Übereinstimmung zwischen Sonnen- und Mondzeit eintreten würde. Und wenn schliesslich *nākṣatra* Monate von 27 Tagen angenommen werden, so widerspricht dies ebenfalls der Theorie des fünfjährigen Yuga, nach welcher ein *nākṣatra* Monat aus $27^{21}/_{67}$ Tagen besteht. Wie nach den Sāmasūtren man sich die Weise vorstellen soll, in der Sonnen- und Mondrechnung in Ordnung gehalten wurden, ist unsicher; jedenfalls haben wir es hier mit Anschauungen zu thun, denen eine fünfjährige Schaltperiode fremd ist.

Während wir demnach für die eigentlich vedische Zeit die Kenntnis des fünfjährigen Yuga nicht annehmen können, werden wir auf der anderen Seite nicht zögern dürfen, Spuren dieser ja schliesslich allgemein recipierten Periode in Teilen der späteren vedischen Zeit anzuerkennen. Daraus, dass die verschiedenen Namen des Jahres (*saṃvatsara, parivatsara* etc.), welche später für die fünf Jahre des Yuga verwendet werden, schon vielfach in den vedischen Texten vorkommen, lässt sich freilich nichts folgern, denn diese Namen erscheinen manchmal als fünf, dann aber auch als sechs oder vier, als drei oder zwei; und wo fünf genannt werden, liegt keinerlei Hindeutung auf ein Yuga vor. Wahrscheinlich sind nur einige dieser Namen (etwa *saṃvatsara* und *parivatsara*) alt und bedeuteten ursprünglich nichts als das einfache Jahr; weitere solche Namen wurden dann gebildet, je nachdem die Details des Opferceremoniells es erforderten; vier z. B. erscheinen in Verbindung mit den vier Cāturmāsya-Opfern. Für die einzigen sicheren Spuren eines sich bildenden oder allmählich in vedischen Kreisen in Aufnahme kommenden fünfjährigen Yuga können diejenigen Stellen in den Texten des Yajurveda gelten, wo davon die Rede ist, dass die Cāturmāsya-Feiern während einer Periode von fünf Jahren fortzusetzen sind, wobei zugleich, wenn schon in wenig klarer Weise, darauf hingewiesen wird, dass dadurch der dreizehnte Monat erreicht wird. Eine Periode von fünf Jahren wird hier offenbar als eine passende Schaltperiode angesehen.

Über die Zeitrechnung der vedischen Periode vgl. WEBER, Die vedischen Nachrichten von den naxatra, 2. Teil (Abhandlungen der Akademie der Wissenschaften zu Berlin 1861), passim; WEBER, Vedische Beiträge, 1894 (Sitzungsberichte der Akademie der Wissenschaften zu Berlin) p. 37 ff.; ZIMMER, AIL. p. 360 ff.; ŚBD., 1. Abschnitt. — Die wichtigen Stellen aus den Sāmasūtren finden sich in der erstgenannten Abhandlung WEBERS p. 281 ff. — Über die Cāturmāsya-Feiern und ihre Beziehung zum fünfjährigen Yuga vgl. dieselbe Abhandlung p. 334 ff.

§ 5. Vedische Periode. — Die Zwölften. — In neueren Büchern über vedische Altertümer finden wir ziemlich allgemein die Behauptung, dass, neben der Einschaltung eines 13. Monates, der Veda eine zweite und zwar ältere Methode kenne, Mond- und Sonnenzeit im Einklang zu erhalten, nämlich vermittelst einer Einschiebung von 12 Tagen am Ende des Mondjahres von 354 Tagen, wodurch dem Sonnenjahr von 366 Tagen Rechnung getragen werde; das Alter dieser Methode werde durch die altgermanische Ansicht der Heiligkeit der »zwölf Nächte« oder »Zwölften« bestätigt. Ohne uns in eine Erwägung der Schwierigkeiten einzulassen, die aus einer solchen Einschaltungsmethode folgen würden, bemerken wir erstens, dass von indischem Standpunkte aus wir kein Recht haben, die Kenntnis eines 366tägigen Sonnenjahres in uralter Zeit anzunehmen, und zweitens — was entscheidender ist — dass die vedischen Texte in keiner Weise darauf hinweisen, dass die zwölf Nächte vor dem Wintersolstiz — oder irgendwo am Ende des Jahres — irgendwelche besondere Beachtung gefunden haben sollten. Dass die Ṛbhus — die möglicher Weise Genien der Jahreszeiten sind — 12 Tage im Hause des Agohya schlafen, ist eine völlig unbestimmte Aussage, auf die allein sich gar nichts bauen lässt; und die damit in Verbindung gebrachten Brāhmaṇa-Stellen, die sagen, dass zwölf Nächte (nicht »die zwölf Nächte«) das Abbild des Jahres sind, haben mit den zwölf Nächten vor dem Wintersolstiz absolut nichts zu thun. Eine Festfeier von zwölf Nächten (oder Tagen) ist ein Abbild des Jahres aus dem einfachen Grunde, dass das Jahr zwölf Monate hat; jeder Tag der Festfeier stellt einen Monat des Jahres dar.

Über die »Zwölften« vgl. Weber, Zwei vedische Texte über Omina und Portenta, p. 388 (Abhandlungen der Akademie der Wissenschaften zu Berlin 1858); Zimmer, AlL. p. 366; Kaegi, Rigveda, p. 152.

§ 6. Vedische Periode. — Ayanas, Jahreszeiten. — Das Jahr wird in zwei Ayanas, »Gänge«, abgeteilt; während eines derselben geht die Sonne nach Norden, während des anderen nach Süden; jeder dieser »Gänge« umfasst sechs Monate. Dass unter einem Ayana die zwischen je zwei successiven Solstizien liegende Periode zu verstehen ist, darüber ist die gesamte eigentlich astronomische Litteratur der Inder einig, und auch schon in den Brāhmaṇas finden sich darüber bestimmte Angaben, wie wenn das Kau. Brā. XIX sagt, dass die Sonne still steht, nachdem sie sechs Monate nach Süden gegangen ist, um sich dann wieder nach Norden zu wenden etc. Wir haben demnach kein Recht zu der Annahme (welche in neuerer Zeit von Einzelnen gemacht worden ist), dass in einigen vedischen Stellen unter den Perioden, während welcher die Sonne »nördlich« oder »südlich« geht, die Hälften des Jahres zu verstehen seien, während derer die Sonne sich entweder nördlich oder südlich vom Äquator befindet d. h. die zwischen je zwei Äquinoctien befindlichen Jahreshälften. Eine auf den Solstizien beruhende Einteilung des Jahres kommt freilich mit einer anderen Einteilung des Jahres, nämlich der auf den Jahreszeiten beruhenden, mehrfach in Widerspruch, indem es bei einer natürlichen Begrenzung der Jahreszeiten unthunlich ist, eine Jahreszeit zugleich mit dem Wintersolstiz anfangen zu lassen; über die hieraus entspringenden Incongruenzen dürfen wir uns aber nicht dadurch hinaushelfen, dass wir dem Terminus »*ayana*« eine neue Definition aufdrängen. Wenn das Śa. Brā. II. 1. 3 sagt, dass Frühling, Sommer und Regenzeit die Jahreszeiten der Götter sind, und dass während derselben die Sonne sich nach Norden wendet (*udag āvartate*), so haben wir es hier mit einer Verschmelzung zweier Formen von Jahreseinteilung zu thun, die sich ohne Opfer von Genauigkeit nicht ausführen liess. Die wärmere und hellere Hälfte des Jahres wird natürlich den Göttern zugeschrieben; dass von dieser Hälfte aber nur der grössere Teil mit dem nördlichen Gang der Sonne zusammenfällt, wird unbeachtet gelassen. Die sich so ergebende Incongruenz wird übrigens um so kleiner, je früher wir den Beginn des Frühlings ansetzen.

Die natürliche Einteilung des nordindischen Jahres ist die in drei Jahreszeiten — eine warme Zeit, eine Regenzeit und eine kühle oder kalte Zeit; es sind dies auch die in der jetzigen Zeit volkstümlich unterschiedenen Abschnitte des Jahres. Demgemäss werden auch in den Brāhmaṇas die Jahreszeiten (*ṛtu*) manchmal als drei bezeichnet, und dem entspricht das alte Institut der drei *cāturmāsya*, d. i. der am Anfang je einer viermonatlichen Jahreszeit darzubringenden Opfer. Eine weiter specialisirende Betrachtung führt auf die Annahme von fünf Jahreszeiten, indem zwischen der Regenzeit und der kalten Zeit eine Übergangsperiode von herbstlichem Charakter anerkannt wird, und ferner ein Unterschied gemacht wird zwischen den ganz heissen Monaten des Jahres und den vorhergehenden warmen Monaten, die unmittelbar auf die kühle Zeit folgen. Das System von fünf Jahreszeiten ist dementsprechend schon in den Brāhmaṇas vielfach anerkannt. Der Umstand ferner, dass das Jahr zwölf Monate hat, und dass es bequem ist, eine Zahl von Jahreszeiten zu haben, die sich der der Monate leicht anpassen lässt, muss wohl als der Grund angenommen werden, dass schliesslich das schon in den Brāhmaṇas im ganzen vorherrschende System von sechs Jahreszeiten zur Geltung kam; es wird hier als sechste Jahreszeit eine kühle (*śiśira*) Periode zwischen den eigentlichen Wintermonaten und den warmen Frühlingsmonaten eingeschoben. Die Reihe der Jahreszeiten ist demnach, wenn wir mit dem Frühling anfangen, *vasanta*, *grīṣma*, *varṣā*, *śarad*, *hemanta*, *śiśira*. Die Unterscheidung von sechs zweimonatlichen Jahreszeiten kann mit Hinsicht auf die natürlichen Verhältnisse kaum eine glückliche genannt werden; ihr bedeutendster Defect ist, dass sie die Regenzeit, die in keinem Fall auf weniger als drei Monate angesetzt werden darf, ungebührlich verkürzt. Es mag hier erwähnt werden, dass eine freilich in der vedischen Litteratur nicht bekannte (sondern erst aus Suśruta belegbare) Einteilung des Jahres in sechs Jahreszeiten, von denen zwei durch ihre Namen als mit dem Regen in Verbindung stehend bezeichnet werden (*prāvṛṣ* und *varṣā*), dem natürlichen Lauf des nordindischen Jahres besser entspricht als die erwähnte allgemein gebräuchliche; sie schliesst sich daher auch näher an die alte natürliche Dreiteilung des Jahres an.

Über Ayanas, Jahreszeiten und Monate vgl. die zu § 4 genannte Litteratur, besonders die erstgenannte Abhandlung von Weber, und SBD. — Vielfache Erörterungen dieser und verwandter Punkte finden sich auch in der zu § 9 zu nennenden Litteratur.

§ 7. Vedische Periode. — Die Monate und ihre Einteilung. — Die Monate der vedischen Texte sind, wie schon bemerkt, unzweifelhaft als synodische Monate zu verstehen, werden aber — auf Grund von Einschaltungen, die uns in ihren Details nicht bekannt sind — zugleich mit den Jahreszeiten in eine feste Verbindung gesetzt. Dies erhellt schon aus den ältesten Namenlisten der Monate, die uns erhalten sind. Als solche nämlich müssen wir die in den Yajustexten überlieferten Listen ansehen, welche die folgenden Namen aufführen: *madhu*, *mādhava; śukra*, *śuci; nabhas*, *nabhasya; iṣ*, *ūrj; sahas*, *sahasya; tapas*, *tapasya* (wozu an einigen Stellen *aṃhasaspati* als der Name des 13. Monats kommt). Diese Namen haben nicht nur offenbar Bezug auf Phänomene des solaren Jahres, und zwar, wie aus ihrer Anordnung in sechs Paaren erhellt, auf ein in sechs Jahreszeiten eingeteiltes Jahr, sondern werden auch von den Texten direct als die zu Frühling, Sommer, Regenzeit, Herbst, Winter und kühler Zeit gehörigen Jahreszeiten bezeichnet. Ob diese Namen je in allgemeinem Gebrauch waren oder nur ceremonielle Verwendung hatten — wie man vermuten könnte, da sie nur in Mantras und in zur Erklärung von Mantras dienenden Stellen vorkommen — ist zweifelhaft; und sehr alt scheinen sie deshalb nicht zu sein, weil sie mit der künstlichen Einteilung des Jahres in sechs Zeiten in Verbindung stehen. Ältere Namen haben wir aber nicht; und sie zeigen jedenfalls, dass zur Zeit der Yajustexte ein System bestand, das darauf ausging, Mond- und Sonnenzeit in fester Übereinstimmung zu erhalten. — Von anderen gleichfalls nur in Mantras vorkommenden Namenlisten (worüber die Details bei A. Weber, D. ved. Nachr. von den Naxatra, II. p. 349 ff.) scheint es höchst wahrscheinlich, dass sie durchaus nur priesterliche Erfindungen sind; und Beziehungen derselben auf die Jahreszeiten lassen sich zwar erraten, sind aber nicht sicher genug, um als Quelle der Belehrung zu dienen. Keines der bisher erwähnten Namensysteme findet aber in den vedischen Texten eine praktische Anwendung; wo immer dieselben von einem Opfer oder anderem Vorkommnis zu sagen haben, an welchen Monat es gebunden ist, machen sie Gebrauch von Bezeichnungen, die auf dem Stande des Mondes, zu der bestimmten Jahreszeit, in den sog. Nakṣatras beruhen. Es wird hiervon weiter unten in Verbindung mit der Erörterung der Nakṣatras gehandelt werden.

Der Monat zerfällt in zwei durch Neumond und Vollmond begrenzte Hälften, von denen die des zunehmenden Mondes die lichte (*śukla*), die des abnehmenden Mondes die schwarze (*kṛṣṇa*) heisst. Die erstere wird häufig als die frühere (*pūrva*), die zweite als die spätere (*apara*) bezeichnet. Diese Benennung setzt natürlich einen mit dem Neumond anfangenden Monat voraus; daneben fehlt es aber nicht an Stellen, in denen der Vollmond als Ende des Monats und damit zugleich als Anfang des nächsten Monats bezeichnet wird. Jedem Halbmonat werden 15 Tage zugeschrieben; dass dies zu viel ist, wird nirgends anerkannt. Dass die 15 Tage des Halbmonats nicht als lunare Tage im Sinne der späteren Tithis verstanden werden dürfen, ist schon oben bemerkt worden. Als anerkannter Einschnitt im lunaren Monat wird, neben dem Vollmond und Neumond, noch die Aṣṭakā, d. i. der achte Tag nach dem Vollmonde, genannt; unter diesen Aṣṭakās wird an einigen Stellen die *ekāṣṭakā*, d. i. die auf den Vollmond des Monats Māgha folgende Aṣṭakā, hervorgehoben, als zum Ende des alten und Anfang des neuen Jahres in Beziehung stehend. — Die Tagnacht zerfällt in dreissig Muhūrtas. Der Muhūrta wird an einigen Stellen der Brāhmaṇas in einer bis zu sehr kleinen Zeitabschnitten vorschreitenden Weise weiter eingeteilt, und unter den Namen dieser kleinen Zeitteile finden sich einige, die sich auch in späterer Zeit erhalten haben; es liegt hier aber offenbar kein festes System der Zeiteinteilung vor, und die Aufzählung von ganz kleinen Zeitbrüchen ist überhaupt nichts weiter als eine müssige Spekulation, die nicht irgendwie in die Praxis übertrat.

§ 8. Vedische Periode. — Nakṣatras. — In die vedische Periode fällt ebenfalls das erste Auftreten eines Zodiaks von 27 oder 28 Sternen oder Sternbildern, den sogenannten *nakṣatra*. Dies Wort bedeutet ursprünglich bloss Stern oder Sternbild und findet sich in den Saṃhitās, wie es scheint, nur in dieser Bedeutung vor; in den Brāhmaṇas dagegen fängt es an, in einer specielleren Bedeutung verwendet zu werden, nämlich als Bezeichnung einer die Sphäre umfassenden Reihe von 27 oder 28 einzelnen Sternen oder Constellationen, die sämtlich nicht weit von, die meisten ganz nahe bei, der Ekliptik liegen und so eine Art von Zodiak bilden. Die Zahl der constituirenden Glieder dieses Zodiaks hängt offenbar damit zusammen, dass der Mond zu seinem siderischen Umlauf etwas mehr als 27 Tagnächte braucht; er langt daher ungefähr jede Nacht des siderischen Monats bei einem anderen Glied der Nakṣatrareihe an. Die specielle Verbindung des Mondes mit den Nakṣatras wird durch alles, was die Brāhmaṇas über die letzteren zu sagen haben, durchaus bestätigt. Dieser, demnach lunare, Zodiak hat sich in Indien bis auf den heutigen Tag erhalten, neben dem solaren Zodiak von zwölf Gliedern, der wahrscheinlich in den ersten Jahrhunderten unserer Zeitrechnung mit den Lehren griechischer Astronomie seinen Weg nach Indien gefunden hat. Eine Identification der Sterne, welche die Nakṣatras constituiren, lässt sich auf Grund des älteren indischen Materials nicht vornehmen; denn genauere Angaben über die Lage derselben, in Längen- und Breitengraden ausgedrückt, finden sich erst in den astronomischen Werken der dritten Periode, unter denen der Sūrya-Siddhānta voransteht. Es liegt aber kein Grund vor, daran zu zweifeln, dass die später als Nakṣatras anerkannten Sterne im ganzen wenigstens die Glieder der älteren Reihe darstellen. Die Identification der späteren Reihe mit den uns bekannten Sternen wurde schon von Colebrooke vollzogen, welcher dazu die ganze spätere astronomische Litteratur und die auf die Nakṣatras bezügliche Tradition benutzte; seine im ganzen unzweifelhaft richtigen Resultate sind in einzelnen Punkten von Whitney verbessert worden. In den späteren Texten beginnt die Reihe der Nakṣatras durchaus mit der indischen Constellation Aśvinī (= β und γ Arietis); in den vedischen Texten werden immer zuerst genannt die Kṛttikās (die Pleiaden). Die Ṛk.S. erwähnt in unzweifelhafter Weise nur zwei Glieder der Reihe und zwar im zehnten Maṇḍala. Vollständige Aufzählungen finden sich in der Ath. S. und in den Texten des Yajurveda. Die vedischen Texte sprechen in der Regel von 27 Nakṣatras; bisweilen wird ein 28. Abhijit erwähnt. Frühe schon hat sich der Gebrauch ausgebildet, entsprechend der Zahl der zodiakalen Sternbilder die Sphäre als in 27 oder 28 Abschnitte eingeteilt zu betrachten; wir werden darauf weiter unten, in der zweiten Periode, zurückkommen. Hier bemerken wir nur, dass die einzigen Stellen in der Sūtra-Litteratur, die von den Nakṣatras bestimmt als Abschnitten der Sphäre sprechen (die oben erwähnten aus den Sāmasūtren), sich auf 27 Abschnitte von gleichem Umfange beziehen.

Für die Bedeutung und Verwendung der Nakṣatras in der vedischen Zeit vgl. die mehrfach erwähnte Abhandlung von Weber und den ersten Teil derselben: Historische Einleitung (Abh. der Kön. Akad. d. Wissensch. zu Berlin, 1860); ferner den ersten Abschnitt von ŚBD. — Über die Gleichsetzung der Glieder der Nakṣatrareihe mit uns bekannten Fixsternen vgl. Colebrooke, On the Indian and Arabian Divisions of the Zodiac (Asiatic Researches, vol. IX; wieder veröffentlicht in Colebrookes Miscellaneous Essays vol. II); J. B. Biot, im Journal des Savants 1845, p. 47; Burgess-Whitney, Translation of the Sūrya-Siddhānta (JAOS. vol. VI), Notes on Ch. VIII; ŚBD. p. 459. — Über die verschiedenen Formen der Namen der Nakṣatras s. Webers Abhandlung II, p. 386 ff.

§ 9. Vedische Periode. — Ursprung der Nakṣatras. — Betreffs dieses lunaren Zodiaks erhebt sich zunächst eine Ursprungsfrage, da ganz ähnliche aus 28 Gliedern bestehende Reihen von in der Nähe der Ekliptik liegenden Sternen und Sternbildern sich auch bei anderen asiatischen Völkern finden, vornehmlich bei den Chinesen und den Arabern. Zwischen diesen Reihen herrscht nun in Bezug auf ihre constituirenden Glieder eine so auffällige Übereinstimmung, dass sich der Gedanke an einen gemeinsamen Ursprung der drei unstreitig als der natürlichste darbietet. In bestimmter Weise wurde in dieser Frage zuerst Partei ergriffen von J. B. Biot, der behauptete, dass die Reihe von 28 Sternbildern (oder nach ihm nur »Sternen«) chinesischen Ursprungs sei und ursprünglich mit dem Laufe des Mondes, und überhaupt der Ekliptik, in keiner Verbindung gestanden habe; sie habe zuerst nur 24 Sterne umfasst, die zur Zeit des Kaisers Yao (ungefähr 2350 v. Chr.) auf, oder nahe bei, dem Äquator lagen und gleiche — oder annähernd gleiche — Rectascension hatten mit gewissen circumpolaren Sternen, die von Alters her die Aufmerksamkeit der Chinesen auf sich gezogen hatten. Diese Reihe sei um 1100 v. Chr. durch Hinzufügung von weiteren vier Sternen, welche die Solstizien und Äquinoctien der Periode markirten, in eine 28gliedrige verwandelt und in dieser Form den Indern mitgeteilt worden, welche — den ursprünglichen Charakter der Reihe ganz verkennend oder ignorirend — dieselbe mit der Mondbahn in Verbindung brachten, hauptsächlich zu astrologischen Zwecken, und zugleich damit vielfach in willkürlicher Weise abänderten. — Gegen diese Theorie von dem Ursprung des lunaren Zodiaks haben besonders Sédillot und Whitney zu erweisen gesucht, dass Biots Annahme, die chinesische Reihe sei ursprünglich eine solche von Äquatorial-Sternen, in keiner Weise aufrecht erhalten werden kann; und Weber hat die Ansicht vertreten, dass überhaupt in der älteren chinesischen Litteratur keine Stellen vorkommen, die mit Sicherheit auf eine Reihe von 28 Sternen bezogen werden können, dass die ersten sicheren Erwähnungen nicht über das dritte vorchristliche Jahrhundert zurückgehen, und dass, da ein Bestehen der indischen Reihe lange vor dieser Zeit ganz sicher ist, die glaublichere Hypothese die einer Entlehnung der Sieou von Indien ist. Zugleich aber neigt sich Weber der Ansicht zu, dass das ganze System nicht ursprünglich in Indien zu Hause sei, sondern dem westlichen Asien, vermutlich Babylon, zugehöre, von wo es die Inder und wahrscheinlich auch die Araber entlehnten, obwohl das ausgebildete System der arabischen Menāzil jedenfalls stark von indischer Astronomie beeinflusst sei. Diese Ansicht — obschon bald von einigen Gelehrten bekämpft, so besonders von Max Müller, der die Nakṣatra-Reihe als ein indisches Produkt ansieht — hat sich ziemlich weit verbreitet, und schliesslich auch den, freilich etwas reservirten, Beifall Whitneys gefunden, dem wir die wohl im ganzen gründlichste Behandlung aller einschlägigen Fragen verdanken. Ganz in neuester Zeit hat F. Hommel es versucht, den babylonischen Ursprung des Systems — in seinen indischen, arabischen und chinesischen Formen — positiv zu erweisen, auf Grundlage der letzten Forschungen auf dem Gebiete altbabylonischer Astronomie. Sédillot schliesslich hat die Ansicht vertreten, dass ein lunarer Zodiak seit ältester Zeit den verschiedenen in Frage kommenden Nationen bekannt gewesen sei, ohne dass sich über den allerersten Ursprung des Systems etwas aussagen lasse; das System sei aber nur bei den Arabern in einer völlig rationellen Weise ausgebildet worden, und die schliessliche weitgehende Übereinstimmung der drei uns vorliegenden Formen sei dem Einfluss der arabischen Astronomie auf chinesische und indische Astronomie zuzuschreiben.

Man kann nicht sagen, dass irgend eine der verschiedenen Theorien über den Ursprung des lunaren Zodiaks bewiesen oder auch nur leidlich plausibel gemacht worden ist. Biots Theorie, soweit sie den angeblichen Modus des chinesischen Ursprungs betrifft, ist jedenfalls aufzugeben; es scheint aber andrerseits, dass Weber in seiner Verwerfung der älteren chinesischen Zeugnisse betreffs des Vorkommens einer 28gliedrigen Sternenreihe zu weit gegangen ist, und dass Grund vorliegt, das Bestehen einer solchen Reihe in China in verhältnismässig sehr alter Zeit anzunehmen. Dafür freilich, dass diese Reihe von China den Indern mitgeteilt worden sein sollte, ist durchaus kein Beweis zu erbringen. Es kann fernerhin wohl kaum mit Grund behauptet werden, dass die Inder — etwa wegen mangelnder Befähigung zu exacten Studien und Beobachtungen, wie Whitney anzunehmen geneigt ist — nicht im stande gewesen sein sollten, ihren Nakṣatra-Kreis selbst festzustellen; denn die Construction eines lunaren Zodiaks wie der indische, der sich in ganz regelloser Weise nach Norden und Süden von der Ekliptik entfernt und mit Sternbildern oder Abschnitten der Sphäre von völlig verschiedenem Umfang vorlieb nimmt, erfordert weder besondere Befähigung für theoretische Astronomie, noch genaue und lang fortgesetzte Beobachtung. Es lässt sich andrerseits nicht verkennen, dass frühe schon die Einteilung der Sphäre in 27 oder 28 Nakṣatras eine vollkommen conventionelle geworden ist, und die meisten Bestimmungen über Dinge, die sich in den verschiedenen Nakṣatra ereignen, eine gänzlich theoretische ist, wobei auf die wirklichen Vorgänge am Himmel gar keine Rücksicht genommen wurde. Dieser theoretisirende, der Beobachtung abgeneigte Zug spricht nicht gerade für die Annahme, dass die erste Bildung des Zodiaks selbständig von den Indern sollte unternommen worden sein. Dazu kommt die ganz auffällige Abwesenheit einer Kenntnis des gestirnten Himmels im allgemeinen in Indien. Während bei den anderen alten Völkern, die sich mit Astronomie abgaben (Chinesen, Babyloniern, Ägyptern, Arabern), wirkliche himmlische Sphären sich finden, d. h. eine Kenntnis der hauptsächlichen Sternbilder und Sterne des ganzen sichtbaren Himmels — aus welchen dann, sobald die Idee gefasst wurde, ohne viel Mühe die Sterne für einen Zodiak ausgewählt werden konnten — kennen die Inder nur die 27 oder 28 Nakṣatras und ausserdem eine ganz kleine Anzahl von anderen Sternen. — Die Hypothese des babylonischen Ursprungs des lunaren Zodiaks hat a priori viel für sich. Die Babylonier waren geschickte Astronomen von alten Zeiten an, und ihr Land liegt so central, dass die Mitteilung irgend welcher Kenntnisse oder Ideen von da nach Indien sowohl als nach China und Arabien gar nichts Unwahrscheinliches an sich hat. Leider aber haben die neueren Forschungen über altbabylonische Astronomie diese Hypothese keineswegs bestätigt; es erscheint klar, dass sich die Babylonier nur des zwölfteiligen Zodiaks bedienten, und gewisser einzelner Sterne der denselben constituirenden Sternbilder, deren Namen es deutlich machen, dass sie als Teile dieser 12 Sternbilder angesehen wurden. — Wenn man auf Grund der Art und Weise, in der die verschiedenen Nationen von den Stationen des Mondes Gebrauch machten, einer derselben die erste Erfindung des Systems zuschreiben wollte, so würde man sich wohl zu gunsten der Araber entscheiden. Die Araber allein machten von ihnen einen lebendigen Gebrauch, indem sie mit dem Frühaufgang ihrer 28 Menāzil die verschiedenen Phasen und Phänomene des Jahres in Verbindung brachten, ein Verfahren, das fortgesetzte Beobachtung voraussetzt. Dazu kommt, dass die arabischen Menāzil sich viel genauer an die Ekliptik halten, als die entsprechenden Sternreihen der anderen Nationen. Da aber selbst die älteste arabische Litteratur, die uns das Bestehen der Menāzil bezeugt, als jung erscheint, verglichen mit z. B. den indischen Werken, die zuerst die Nakṣatras erwähnen, so reichen die oben erwähnten Umstände nicht hin, die Hypothese eines arabischen Ursprungs des ganzen Systems glaublich zu machen. Die ganze Frage ist noch eine offene.

Zum Ursprung des lunaren Zodiaks vgl. J. B. Biot, Recherches sur l'ancienne Astronomie Chinoise (zuerst veröffentlicht im Journal des Savants 1839 u. 1840); derselbe, Études sur l'astronomie Indienne et l'astronomie Chinoise (eine Sammlung von zuerst im Journal des Savants veröffentlichten Artikeln), siehe besonders p. 212 ff.; die oben genannten Abhandlungen Webers; derselbe, Zur Frage über die nakshatra, ISt. IX p. 424, und: Zur Frage über die nakshatra, ISt. X p. 213; derselbe, Die Verbindungen Indiens mit den Ländern im Westen (Indische Skizzen); derselbe, Über alt-iränische Sternnamen (Sitzungsberichte der Akad. der Wissenschaften zu Berlin 1888); Burgess-Whitney, Translation of the Sûrya-Siddhânta (JAOS. vol. VI); Noten zum 8. Kapitel, und ebenda p. 467 ff.; Whitney, On the Views of Biot and Weber respecting the Relations of the Hindu and Chinese Systems of Asterisms (JAOS. vol. VIII); derselbe, Reply to the Strictures of Prof. Weber upon an Essay respecting the Asterismal System of the Hindus, Arabs and Chinese (JAOS. vol. VIII); derselbe, The Lunar Zodiac (in Oriental and Linguistic Studies, 2. Series); E. Burgess, On the Origin of the Lunar Division of the Zodiac represented in the Nakshatra System of the Hindus (JAOS. vol. VIII); Max Müller, »Preface« zum 4. Bande der ersten Auflage der grossen Ausgabe des Ṛg-Veda; Sédillot, Matériaux pour servir à l'histoire comparée des sciences mathématiques chez les Grecs et les Orientaux; Richthofen, China, vol. I;

F. Hommel, Über den Ursprung und das Alter der arabischen Sternnamen und insbesondere der Mondstationen (ZDMG. vol. 45); G. Thibaut, On the Hypothesis of the Babylonian Origin of the so-called Lunar Zodiac (JASB. vol. 63).

§ 10. Vedische Periode. — Verwendung des Nakṣatra-Zodiaks. Ein solcher Zodiak lässt sich natürlich dazu verwenden, den Ort irgend eines der beweglichen Himmelskörper zu einer bestimmten Zeit anzugeben, der Sonne sowohl als des Mondes und der Planeten. Dies alles ist auch in Indien bis auf die heutige Zeit gebräuchlich. In der ältesten Litteratur aber erscheinen die Nakṣatras durchgängig nur mit dem Monde verknüpft (die erste direkte Beziehung der Sonne auf die Nakṣatras scheint die zu sein, welche in den oben erwähnten Stellen der Sāmaveda-Sūtras vorkommt). Wir haben hier erstens die Fälle, in denen es heisst, dass eine bestimmte Opferhandlung 'in' einem gewissen Nakṣatra vorzunehmen ist; dass z. B. das heilige Feuer »in Kṛttikās« (*kṛttikāsu*) angelegt werden soll; dies bedeutet: »wenn der Mond mit Kṛttikās in Conjunction ist«, anscheinend ohne Bezug auf irgend eine bestimmte Phase des Mondes. Wir haben nächstdem — und diese Fälle sind die zahlreicheren — Stellen, in denen Nakṣatras in bestimmter Beziehung auf die hauptsächlichsten Phasen des Mondes, d. i. Neumond und Vollmond, erscheinen, und zwar hauptsächlich auf den letzteren; es heisst z. B., dass ein Opfer stattfindet an der *phālgunī paurṇamāsī*, d. h. in der Nacht (oder an dem Tag), wann der Vollmond in Phalgunyas stattfindet. Schon in den ältesten Denkmälern, die diesen Gebrauch der Nakṣatras bezeugen, finden sich nur zwölf von den 27 Nakṣatra-Namen in dieser Weise mit dem Vollmond verbunden; es hatte sich also schon damals ein festes System von lunaren Monatsnamen ausgebildet, abgeleitet von den Nakṣatras, in denen der Mond in jedem Monate voll wird. In dem älteren Gebrauch erscheinen diese Namen nicht selbständig, sondern nur in adjektivischer Form in Verbindung mit *paurṇamāsī* oder *amāvasyā*, oder so, dass *paurṇamāsī* zu ergänzen ist; z. B. *phālgunī paurṇamāsī*; *phālguny amāvasyā* (was bedeutet »der Neumond des Monates, in welchem der Mond in Phalgunyas voll wird«); *aṣṭamyāṃ phālgunīśuklasya* d. h. in der achten Nacht (= Tag) der lichten Monatshälfte, welche dem Vollmond in Phalgunyas vorausgeht. Bald aber werden entsprechende selbständige Monatsnamen gebildet, *phālguna*, *caitra* etc., welche bis auf die Gegenwart im Gebrauch geblieben sind und, obwohl ursprünglich nur auf lunare Monate angewendet, secundär auch auf die solaren Monate (Zwölf-Teile des Sonnenjahres) übertragen worden sind, ein Verfahren, das durch den Charakter des indischen Jahres — als eines gebundenen Mondjahres, in welchem sich periodisch Einklang zwischen Sonnen- und Mondzeit herstellt — möglich gemacht wird.

Eben auf Grund dieses Umstandes, dass augenscheinlich schon in der Brāhmaṇa-Periode auf irgend welche Weise Einklang zwischen Sonnen- und Mondzeit erhalten wurde, erhebt sich nun die Frage, ob sich nicht aus dem System der von den Vollmond-Nakṣatras gebildeten Monatsnamen ein Schluss machen lasse auf die Zeit, in der sich dieses System zuerst ausbildete. Was hier sofort auszuschliessen ist, ist der Gedanke, dass sich aus dem Faktum der Auswahl von 12 bestimmten Nakṣatras zum Behuf der Namengebung (mit Ausschluss der anderen 15) irgend ein Resultat ergeben könne. Der Mond wird weder, noch wurde er in irgend einer Periode gerade nur in diesen Nakṣatras voll, sondern Vollmond findet in allen Nakṣatras statt, in fortwährend wechselnden und sich periodisch wiederholenden Reihenfolgen; die Auswahl der 12 Nakṣatras war daher eine willkürliche, natürlich in gewissen Schranken gehalten durch die Rücksicht auf im ganzen gleiche Abstände. Dagegen verdient die Frage in Erwägung gezogen zu werden, was sich etwa aus der

Verbindung bestimmter Vollmond-Nakṣatras mit den Jahreszeiten erschliessen lassen möchte. Diese Frage ist, in einer besonderen Fassung, schon seit dem Anfang der europäischen Sanskritstudien behandelt worden, nämlich im Anschluss an die im Jyotiṣa-Vedāṅga und ähnlichen Werken enthaltene Angabe — von welcher Varāha-Mihira zuerst bestimmt erklärt, dass sie sich mit den Verhältnissen der Gegenwart nicht mehr im Einklang befinde, — dass die Sonne ihren nördlichen Gang von dem Anfang des Nakṣatra Śraviṣṭhās beginnt. Über das Jyo. Ved. wird unter unserer zweiten Periode berichtet werden; hier müssen wir soviel vorausnehmen, dass dies kleine metrische Werk die Stellung eines autoritären astronomischen Hilfsbuches einnimmt, nach dessen Regeln die richtigen Zeiten für die Opfer zu berechnen sind. Seinen Lehren nach gehört das Werk in die vorgriechische Periode der indischen Astronomie und wird natürlich schon seit vielen Jahrhunderten nicht mehr praktisch benutzt, ist aber aus seiner nominellen Stellung als »Vedāṅga« nie durch andere Werke verdrängt worden. Über seine Ursprungszeit können wir nur vermuten, dass es in der Periode entstand, als das Bedürfnis sich geltend machte, alles auf das Opfer Bezügliche in möglichst festen und concisen Regeln auszuarbeiten, also in der Sūtraperiode und zwar — nach seiner Form zu schliessen — gegen das Ende dieser Periode; und es mag daher als der Vertreter der Ansichten über Sonnen- und Mondlauf und Anordnung des Kalenders angesehen werden, die sich im Laufe der Sūtraperiode in den Priestergemeinden befestigt hatten. Dass sich das Alter des Vedāṅga selbst aus der obigen Angabe der Lage der Solstizien erschliessen lassen sollte, sind wir nicht berechtigt anzunehmen, denn solche Angaben pflanzen sich traditionell fort und erhalten sich in Ansehen lange, nachdem sie aufgehört haben richtig zu sein. Es mag hier darauf verwiesen werden, dass noch zur Zeit Varāha-Mihiras im 6. nachchristlichen Jahrhundert ein Paitāmaha-Siddhānta in Geltung war, der genau die erwähnte Angabe über die Lage der Solstizien enthielt. Aber es ist wenigstens wahrscheinlich, dass die ursprüngliche Angabe aus einer Zeit stammt, in der die wirklichen Verhältnisse ihr einigermassen entsprachen. Die Schwierigkeiten aber, die einer Ermittlung jener Zeit im Wege stehen, sind gross. Wo haben wir uns den Anfang von Śraviṣṭhās vorzustellen? Der feste Punkt, den uns die spätere Astronomie der Inder für solche Berechnungen an die Hand gibt, ist, dass in der Periode der Siddhāntas — und bis auf die Gegenwart herab — die Teilung des Zodiaks in Nakṣatras von — oder von einem Punkte ganz nahe bei — dem kleinen Sterne ζ Piscium ausgeht; es endet hier das Nakṣatra Revatī und beginnt das Nakṣatra Aśvinī. Wir können daher, von diesem Punkte aus rechnend, bestimmen, wo der Anfang des Nakṣatra Śraviṣṭhās liegt und können dann mit Hilfe unserer Kenntnis des Wertes der Präcession leicht berechnen, um welche Zeit das Wintersolstitium an letzterem Punkte lag; schon die früheren Forscher im Gebiete der indischen Astronomie haben, in dieser Weise vorgehend, die in Rede stehende Bestimmung dem 12. vorchristlichen Jahrhundert zugeschrieben. Es ist nun aber schon seit langem darauf hingewiesen worden, dass es höchst misslich scheint, sich des von den Siddhāntas anerkannten Ausgangspunktes zu bedienen, wo Bestimmungen aus viel früheren Jahrhunderten in Frage kommen. Es ist nicht zweifelhaft, dass der kleine Stern ζ Piscium zum Anfangspunkt der Sphäre erhoben wurde um die Zeit, als er mit dem Punkte des Frühlingsäquinoctiums zusammenfiel, d. h. etwa im Laufe des 6. nachchristlichen Jahrhunderts; dass er aber schon in einer früheren Periode, wo dieser Grund noch nicht vorlag, den Anfang von Aśvinī gebildet haben sollte, ist sehr wenig wahrscheinlich; und der erste Punkt dieses Nakṣatra liesse sich mit viel grösserer Plausibilität mehr nach Osten, nahe bei den beiden Sternen, welche Aśvinī ausmachen, ansetzen. Weiter aber ist zu bedenken, dass wirklich gar kein Grund vorliegt, bei der Angabe des Jyo. Ved. über den Ort des Wintersolstizes überhaupt Aśvinī in Betracht zu ziehen; da sich diese Angabe direkt auf Śraviṣṭhās bezieht, scheint es jedenfalls geratener, sich an dies Sternbild zu halten. Wann der Punkt des Solstizes etwa mit dem Mittelpunkt dieses Sternbildes gleiche Länge hatte, lässt sich ohne Mühe bestimmen; aber hier müssen wir uns wieder fragen, ob denn die Leute, von denen die Angabe herrührt, überhaupt daran dachten, ausserhalb der Ekliptik liegende Constellationen vermittelst von dem Pole der Ekliptik ausgehender Kreise auf die Ekliptik zu beziehen, und ob, wenn sie daran dachten, sie imstande waren, dies mit irgend welcher Genauigkeit zu thun. Dass wir überhaupt mit dem Sternbild Śraviṣṭhās in dieser Weise operiren dürfen, ist ein weiterer zweifelhafter Punkt; denn es ist ganz klar, dass das Vedāṅga und ähnliche Texte unter ihren Nakṣatras künstliche Abteilungen der Sphäre von gleichem Umfang verstehen, und der »Anfang« eines Nakṣatra mag demnach einen ganz beträchtlichen Abstand in Länge von dem Sternbild gehabt haben. Dazu kommen dann schliesslich noch die Schwierigkeiten einer irgendwie genauen Bestimmung des Ortes des Wintersolstizes in jener alten Zeit, als sich eine wissenschaftliche Astronomie noch nicht entwickelt hatte. Ziehen wir all dies in Betracht, so können wir nicht umhin, mit Whitney zuzugestehen, dass die Bestimmung des Solstizes in Jyo. Ved. möglicherweise ein halbes Jahrtausend früher oder ein halbes Jahrtausend später gemacht sein worden mag als im 12. vorchristlichen Jahrhundert.

Es ist jedoch ein anderer Umstand vorhanden, der eine ungefähr auf das 12. Jahrhundert v. Chr. führende Berechnung in gewisser Weise bekräftigt. Wie zuerst von A. Weber gezeigt, findet sich im Kauṣītaki-Brāhmaṇa die Angabe, dass die Sonne am Neumonde des Monats Māgha stille steht, um sich dann nach Norden zu wenden. Dies stimmt nun ganz mit der Angabe des Jyo. Ve. über den Ort des Solstizes überein; denn am Neumond, der dem Vollmond in Maghās vorausgeht, befindet sich die Sonne eben am Anfang von Śraviṣṭhās. Dies macht wahrscheinlich, dass die Beobachtung des Solstizes schon in der Brāhmaṇaperiode gemacht wurde; und da nun aus Gründen, die mit astronomischen Berechnungen nichts zu thun haben, und die wir als litterarisch-chronologische bezeichnen können, die Brāhmaṇaperiode sehr wohl als das 12. vorchristliche Jahrhundert einschliessend angenommen werden darf, so haben wir eine Art von allgemeiner Übereinstimmung zwischen zwei unabhängigen Schlussweisen, welcher ein gewisser Wert sich nicht absprechen lässt. — Es erhebt sich nun hier die weitere Frage, ob nicht auch andere vedische Stellen, die direkte oder indirekte Angaben über das Verhältnis von gewissen Stellungen des Mondes im Kreise der Nakṣatras zu den Jahreszeiten enthalten, zur Bestimmung des Alters der Texte oder der Zeit, wann die betreffenden Angaben zuerst gemacht wurden, sich verwenden lassen. Schon Colebrooke hatte die Ansicht geäussert, dass, was aus den Nakṣatra-Namen sich ergibt, sich ganz wohl mit der besprochenen Bestimmung des Ortes des Wintersolstizes vereinigen lässt. Die ganze Frage nach der astronomischen und chronologischen Bedeutung der vedischen Angaben über kalendarische Dinge ist seit einigen Jahren der Gegenstand lebhafter Erörterungen gewesen, hervorgerufen durch die von Bāl Gangādhar Tilak und H. Jacobi aufgestellte Behauptung, dass die Beobachtungen, welche einigen dieser Angaben zu Grunde liegen, auf drei bis vier Jahrtausende vor Christus zurückgehen; der erstere Gelehrte sucht für einige dieser Beobachtungen sogar das Alter von 6000 Jahren v. Chr. zu vindiciren. Diese Theorien wurden von anderen lebhaft bestritten, die zugleich versuchten, ähnlich wie Colebrooke aber auf einer breiteren Basis, positiv nachzuweisen, dass alles, was die Brāhmaṇas über Monate, Jahreszeiten, Jahresanfänge u. dgl. zu sagen haben, sich ganz wohl mit der Periode vereinigen lässt, auf welche die besprochene Lage des Wintersolstizes hinweist. Eine Ausnahme wäre dabei möglicherweise zu machen mit dem Faktum, dass die alten Aufzählungen der Nakṣatras mit Kṛttikās beginnen, falls nämlich diese Anordnung darauf beruhen sollte, dass Kṛttikās als das Frühlingsäquinoctium bezeichnend angesehen wurde, analog dem Anfang der späteren Nakṣatrareihe mit Aśvinī, welches in der Periode der ausgebildeten Siddhāntas nahe bei dem Frühlingsäquinoctium lag. Etwas Abschliessendes kann über alle diese Fragen noch nicht gesagt werden; und ich begnüge mich daher damit, in der Anmerkung auf den wichtigeren Teil der betreffenden Litteratur zu verweisen.

Über die von den Nakṣatras abgeleiteten Namen der Monate vgl. die genannten Abhandlungen von Weber über die Nakṣatras, sowie die zu § 9 aufgeführten Abhandlungen Whitneys im JAOS; ferner den ersten Abschnitt von ŚBD.'s Buch. — Über die Angabe des Jyo. Ve. betreffs des Ortes des Wintersolstizes und über die allgemeine Frage betreffs der astronomischen und kalendarischen Angaben der vedischen Texte und der daraus zu ziehenden chronologischen Schlüsse vgl. Colebrookes Essay: On the Vedas As. Res. VIII (und die Anmerkungen Whitneys zu dem Wiederabdruck dieses Essays in Colebrooke, Miscellaneous Essays, New Ed. Vol. I); die oben genannten Abhandlungen Webers und Whitneys über die Nakṣatras; Weber, Über den Vedakalender Namens Jyotisham (Abhandl. d. Ak. d. Wiss. zu Berlin 1862); eine Abhandlung Whitneys JRAS., New Series Vol. I; Biot, Études sur l'Astronomie Indienne et sur l'Astronomie Chinoise p. 241 ff.; B. G. Tilak, The Orion or Researches into the Antiquity of the Vedas; Jacobi, Über das Alter des Ṛg-Veda, Festgruss an Roth (übers. ins Engl. Ind. Ant. XXIII); derselbe, Beiträge zur Kenntnis der vedischen Chronologie (Nachr. v. d. K. Ges. der Wissenschaften zu Göttingen 1894); Whitney, On a recent Attempt, by Jacobi and Tilak, to determine on astronomical Evidence the Date of the earliest Vedic Period as 4000 B.C. (Proc. AOS. 1894, wieder abgedruckt Ind. Ant. XXIV); Bühler, Note on Prof. Jacobi's Age of the Veda and on Prof. Tilak's Orion (Ind. Ant. XXIII); Oldenberg, Der vedische Kalender und das Alter des Veda (ZDMG. Bd. 48); Jacobi, Der vedische Kalender und das Alter des Veda (ZDMG. Bd. 49); derselbe, Nochmals über das Alter des Veda (ZDMG. Bd. 50); G. Thibaut, On some recent Attempts to determine the Antiquity of Vedic Civilization (Ind. Ant. XXIV); Oldenberg, Noch einmal der vedische Kalender und das Alter des Veda (ZDMG. Bd. 49); derselbe, Vedische Untersuchungen: 5. Zum Kalender und der Chronologie des Veda (ZDMG. Bd. 50); und ŚBD. an verschiedenen Stellen des ersten Abschnittes seines Buches; derselbe, The Age of the Śatapatha Brāhmaṇa (Ind. Ant. XXIV).

§ 11. Mittlere Periode. — Quellen und Dauer. — Unter der Astronomie der ersten Periode verstanden wir diejenige Summe von astronomischen Kenntnissen, welche wir als in den Kreisen bestehend annehmen müssen, in welchen die Brāhmaṇas entstanden; dass auch ein Teil wenigstens der brahmanischen Sūtralitteratur kein anderes astronomisches Wissen voraussetzt, erscheint wahrscheinlich. Wenn wir nun von einer zweiten Periode der indischen Astronomie sprechen, so lässt sich dieselbe von unserer ersten nicht irgendwie scharf abgrenzen. Wir können nur die Thatsache constatiren, dass in einem Litteraturkreise, der viel weiter ist als die eigentlich vedische Litteratur und ausserdem im ganzen unzweifelhaft später, sich eine Summe von astronomischen und kosmographischen Ansichten herrschend vorfindet, welche sich von den eigentlich vedischen wesentlich unterscheiden und eine Art von abgeschlossenem System bilden. In welchen Kreisen sich diese Ansichten zuerst ausbildeten, können wir nicht sagen; es ist nicht unmöglich, dass sie den brahmanischen Gemeinden — aus denen die Brāhmaṇas hervorgegangen waren — ursprünglich ferne standen. Jedenfalls aber hat sich die Weltanschauung, von der hier die Rede ist, allmählich über ganz Indien verbreitet und mag nicht mit Unrecht als die charakteristisch national-indische angesehen werden, während das System, das man gewöhnlich einfach als das indische bezeichnet —

dasjenige nämlich, das uns im Sūrya-Siddhānta und ähnlichen Werken vorliegt — keine selbständige indische Schöpfung zu sein scheint. Der Zeit nach lässt sich, was wir die zweite Periode nennen, schwer abgrenzen; die ältesten litterarischen Denkmäler, die unter dem Einfluss der hierher gehörigen astronomischen Ansichten stehen, sind wohl die alten buddhistischen Schriften und das Mahābhārata; auch wird dazu ein Teil der brahmanischen Sūtralitteratur gehören, obwohl es uns zu der Bestimmung dieser Frage an der nötigen Evidenz fehlt. Auch die untere Grenze der Periode lässt sich nicht scharf bestimmen; wir können nur vermuten, dass etwa in den ersten Jahrhunderten der christlichen Ära die charakteristischen Ansichten dieser Periode allmählich von der im Sūrya-Siddhānta und anderen Siddhāntas dargestellten, weit vorgerückteren Lehre verdrängt wurden. Als Varāha-Mihira im 6. Jahrhundert seine Pañcasiddhāntikā schrieb, lag ihm noch, als eines der von ihm als fundamental betrachteten Werke, ein Siddhānta vor, der durchaus die Anschauungen unserer zweiten Periode repräsentirt. Das Jyotiṣa-Vedāṅga, das derselben Stufe angehört, hat sich bis auf die heutige Zeit officiell als »Vedāṅga« erhalten, obwohl es schon seit langer Zeit nicht mehr praktisch verwendet wird; und unter den Jainas hat die Sūrya-Prajñapti, welche in demselben Ideenkreise steht, bis auf unsere Tage eine ähnliche Stellung behauptet.

Das eben genannte Vedāṅga ist dieser seiner Stellung wegen das bestbekannte Werk, das diese Periode repräsentirt; es handelt aber nur von Zeitrechnung und ist seiner künstlich concisen Form wegen nur zum Teil verständlich. Um einen Überblick über die Gesamtheit der astronomischen und kosmologischen Anschauungen dieser Zeit zu gewinnen, müssen wir mit dem Vedāṅga eine bedeutende Anzahl von teilweise sehr heterogenen Autoritäten verbinden: so zuerst die uns in Citaten erhaltenen Fragmente von Garga, Parāśara und ähnlichen Autoren, für die Bhaṭṭotpalas Commentar zur Bṛhat-Saṃhitā des Varāha-Mihira unsere hauptsächlichste Quelle ist; ferner die uns erhaltene Vṛddha-Garga-Saṃhitā; das neuerdings aufgefundene Bruchstück des Pauṣkarasādin; den Nakṣatrakalpa und einige andere der Pariśiṣṭas des Atharvaveda; das astronomische Textbuch der Jainas, die sogenannte Sūryaprajñapti; die Darstellung des Inhaltes eines Paitāmaha-Siddhānta, welche Varāha-Mihira im 12. Kapitel der Pañcasiddhāntikā gibt; und die Kapitel des Mahābhārata und der Purāṇas, welche das Weltgebäude beschreiben; überhaupt alle Stellen im Mahābhārata und bei Manu, die sich auf Astronomisches und Kosmologisches beziehen. Dazu kommen schliesslich alle die Stellen in der älteren buddhistischen Litteratur, die von den oben genannten Dingen handeln, und — wie oben bemerkt — Stellen von analogem Inhalt in der brahmanischen Sūtra-Litteratur. Es ist freilich schwer zu beurteilen, wie weit dieser Litteraturzweig unter dem Einflusse des wohlgeschlossenen Systems steht, welches diese zweite Periode charakterisirt; wir haben gesehen, dass einzelne Sūtren wenigstens auf einem entschieden älteren Standpunkt stehen. Im Ganzen sind die auf Astronomie und Kalenderwesen bezüglichen Angaben der Sūtren so wenig vollständig und zusammenhängend, dass sie uns für unser Gebiet nur geringe Aufschlüsse geben. — Was sich aus Pāṇini, dem Mahābhāṣya und dem Nirukta an einschlägiger Belehrung gewinnen lässt, deutet auf dieselbe Periode hin.

Alle die eben aufgezählten Werke vertreten, in mehr oder weniger vollständiger Weise, ein und dasselbe System. Von einem System nämlich lässt sich hier sprechen, da wir es nun nicht mehr mit vereinzelten und sich gelegentlich widersprechenden Ansichten zu thun haben, sondern mit einer Theorie, die, wie unvollkommen und phantastisch sie auch sein mag, doch zu einem wohlzusammenhängenden Ganzen ausgearbeitet ist. Nicht alle die genannten Werke enthalten die vollständige Theorie, aber wichtige Teile derselben sind allen gemeinsam; und keines (mit wenigen besonders zu erwähnenden Ausnahmen) enthält Züge, die dem von uns angenommenen Ganzen widersprechen. Die in vieler Hinsicht vollständigste Auskunft gibt das astronomische Buch der Jainas. Im nächsten Abschnitt über die Kosmographie der Periode schliessen wir uns an dieses Werk und die Purāṇas an; das Jyotiṣa-Vedāṅga, gemäss seinem Charakter als Handbuch zur Berechnung des Kalenders, enthält nichts Bezügliches.

§ 12. Mittlere Periode. — Geographie. — Wir begegnen hier zunächst einer völlig entwickelten und bestimmten Ansicht über die Beschaffenheit der Erde. Die Oberfläche der Erde bildet eine ungeheuere kreisrunde Ebene, in deren Centrum ein enorm hoher, Meru genannter, Berg liegt, auf dem die Götter wohnen. Rings um diesen Berg erstreckt sich kreisförmig derjenige Teil der Erde, in welchem die den Hindūs bekannten Länder liegen, der sogenannte Jambu-dvīpa d. h. die Jambuinsel, so genannt von einem kolossalen Jambubaum, der auf einem südlichen Ausläufer des Meruberges steht. Von diesem Jambu-dvīpa bildet Vorderindien, der sogenannte Bharata-varṣa, das südliche Viertel, während nördlich vom Meru der Airāvata-varṣa und östlich und westlich von demselben die beiden Hälften des Videha-varṣa liegen. Der Jambu-dvīpa bildet eine Insel, da er rings vom salzigen Ocean umflossen ist. Jenseits dieses Oceans liegen die sechs anderen dvīpas, die zusammen mit dem Jambu-dvīpa die Oberfläche der Erde ausmachen, alle in der Gestalt kreisförmiger, dem Meru concentrischer Ringe, die von einander durch analog gestaltete ringförmige Meere getrennt sind. Diese dvīpas heissen der Reihe nach Plakṣa, Śâlmala, Kuśa, Krauñca, Śāka, Puṣkara; die sie trennenden Meere bestehen der Reihe nach aus Zuckersaft, Wein, Ghī, saurer Milch, Milch, süssem Wasser. Der äusserste ringförmige Continent ist von einer Lokāloka genannten Bergkette umschlossen, bis zu welcher die Strahlen der Sonne reichen, und jenseits welcher sich ein ödes, ewig finsteres Land bis zur Schale des die ganze Welt umschliessenden Brahmaeies erstreckt. Dies Ei wird durch die beschriebene Oberfläche der Erde in zwei Hälften geteilt; in der unteren, unterirdischen, Hälfte liegen die Höllenregionen (*pātāla*). Die über der Erde gelegene Hälfte zerfällt in verschiedene Welträume (*loka*), deren jeder als eine Scheibe des Eies aufzufassen ist. Von der Erde bis zur Höhe der Sonne erstreckt sich der Bhuvar-loka, von da bis zur Höhe des Polarsterns die himmlische Welt (*svar-loka*), darüber der Mahar-loka, der Tapo-loka, und als höchster von allen der Satya-loka.

§ 13. Mittlere Periode. — Astronomie. — Über der Oberfläche der Erde bewegen sich die verschiedenen himmlischen Lichter (*jyotis, jyotīṃṣi*, meist vorgestellt als in ihren Wagen fahrende Götter) in parallel zur Erde liegenden Kreisbahnen um den Meruberg. Sie gehen nie wirklich auf und unter, sondern halten sich stets in der gleichen Höhe über der Oberfläche der Erde. Dass sie während eines Teiles der Tagnacht den Bewohnern des südlich vom Meru gelegenen Bharata-varṣa nicht sichtbar sind, kommt davon, dass sie dann nördlich vom Meru stehen, welcher ihre Strahlen intercipirt; aber wenn sie für den Bharata-varṣa verschwinden, gehen sie dem Airāvata-varṣa auf, und es ist folglich dort Tag, wenn es bei uns Nacht ist. Morgen wird es bei uns wieder, sobald die Sonne in ihrem Kreislauf an der Mitte der Ostseite des Meru angelangt ist. — Die Betrachtung der Umläufe der Himmelskörper um den Meru hat bei den Jainas zu einer ganz besonderen Modification des Systems Anlass gegeben, welche vielfach als der charakteristische Zug ihrer Lehre erwähnt wird. Sie gehen nämlich von der Ansicht aus, dass im Laufe von 24 Stunden die Sonne — ebenso wie die anderen Himmelskörper — nur die Hälfte des Kreises um den Meru zurücklegen kann; dass also, wenn die Nacht im Bharata-varṣa zu Ende geht, die Sonne, deren Licht den vorhergehenden Tag gegeben hatte, erst im Nordwesten des Meru angekommen ist. Die Sonne, die zur selben Zeit thatsächlich im Osten des Bharata-varṣa aufgeht, kann daher nicht dieselbe Sonne sein, die am vorhergehenden Abend unterging, sondern ist eine zweite verschiedene Sonne, die aber für das Auge von der ersten nicht zu unterscheiden ist. Am Morgen des dritten Tages erscheint dann wieder die erste Sonne, die um diese Zeit die Südostecke des Meru erreicht hat u. s. w. Aus demselben Grunde nehmen die Jainas zwei Monde, zwei Reihen von Nakṣatras u. s. w. an. Alle himmlischen Körper werden so verdoppelt; da aber dem Bharata-varṣa immer nur ein Glied jedes Paares erscheint und sich die beiden Glieder völlig gleich sehen, so wird dadurch nichts an den Phänomenen geändert.

Nächst dem Wechsel von Tag und Nacht sind es noch zwei weitere mit dem Sonnenlauf verbundene Phänomene, welche das System dieser Periode zu erklären versucht, nämlich die Thatsache, dass die Sonne sich je nach der Jahreszeit mehr oder weniger hoch über den Horizont erhebt, und die Verschiedenheiten in der Länge von Tag und Nacht. Das erstere Phänomen wird übereinstimmend dadurch begründet, dass während des Sommers die Sonne engere Kreise um den Meru beschreibt als im Winter und daher nördlicher steht; der weiteste Kreis wird am Tage des Wintersolstizes beschrieben, der engste am Tage des Sommersolstizes. Der Durchmesser und die Peripherie der Kreise werden in der Sūryaprajñapti und den Purāṇas in Yojanas angegeben (wobei die numerischen Bestimmungen in den verschiedenen Büchern stark von einander abweichen und ohne wesentliches Interesse sind); und ebenso die Teile des Jambudvīpa, über welchen die Sonnenbahn in den verschiedenen Jahreszeiten senkrecht liegt. — Das zweite Phänomen erklären die Purāṇas daraus, dass sich die Sonne im Sommer während des Tages langsamer und während der Nacht schneller bewege; die Tage sind daher lang und die Nächte kurz. Im Winter ist es umgekehrt; und zur Zeit der Äquinoctien bewegt sich die Sonne Tag und Nacht mit gleicher Geschwindigkeit. Nach der Sūryaprajñapti, welcher die Annahme verschiedener Schnelligkeit während des Tages und der Nacht fremd ist, erscheinen die Tage im Sommer länger, weil die Kreise, welche die Sonne dann beschreibt, uns näher liegen und uns deshalb die Sonne an einem früheren Punkte ihrer Bahn sichtbar wird und an einem späteren Punkte verschwindet, während im Winter die sich in entfernteren Kreisen bewegende Sonne nur während eines verhältnismässig kurzen Teils ihrer Bahn uns sichtbar bleibt. — Die vollständige Theorie von den Bewegungen der Sonne ist am genauesten und deutlichsten in der Sūryaprajñapti ausgearbeitet, welche auch eine ähnliche Theorie der Bewegungen des Mondes gibt. Im ganzen ist dieses Werk unzweifelhaft das wichtigste aller Monumente der indischen Astronomie und Kosmographie in ihrer vorgriechischen Phase; dass die Jainas alle Himmelskörper verdoppeln, ist, wie schon oben angedeutet, ohne Belang und nimmt ihrer Darstellung nichts von ihrem Werte.

§ 14. Mittlere Periode. — Zeitrechnung. — Die Schriften dieser Periode stimmen ferner überein betreffs der Länge der Umlaufszeit von Sonne und Mond; es ist thatsächlich dieser Teil des Systems der am besten bekannte und am meisten charakteristische, da er in allen Schriften dargestellt wird, während einige, wie besonders das Jyotiṣa-Vedāṅga, über die allgemeine Beschaffenheit der Erde und des Weltgebäudes keine Auskunft geben. Die Lehre hier ist, dass fünf Sonnenjahre genau 67 siderische Umläufe des Mondes in sich enthalten, und dass jedes Sonnenjahr 366 Tage in sich begreife. Wir begegnen hier so zum ersten Mal der bestimmten Anerkennung eines Jahres, das mehr als 360 Tage enthält. Der Wert von 366 Tagen ist freilich ein höchst ungenauer; keine andere civilisirte Nation ist so lange bei einer so schlechten Bestimmung der Länge des Jahres stehen geblieben. Wie mit einem solchen Jahre der Kalender in auch nur leidlicher Ordnung erhalten werden konnte, ist schwer zu verstehen; es müssen wohl von Zeit zu Zeit gewaltsame Reformationen gemacht worden sein. Keines der in Rede stehenden Werke enthält irgend welche Andeutung, wie etwa durch periodische Auslassung von Tagen der erwähnte Fehler verbessert werden könnte. Der Unterschied des tropischen und siderischen Jahres ist natürlich nicht bekannt; das anerkannte Jahr wird unbefangen als tropisch angesehen, indem es den ganzen Wechsel der Jahreszeiten in sich begreift; zugleich aber wird es bestimmt dargestellt als auf der Wiederkehr der Sonne zu einem und demselben Sternbild beruhend und ist insofern siderisch. Dies Sternbild ist Śraviṣṭhās (auch Dhaniṣṭhās genannt), an deren erstem Punkte sich die Sonne im Augenblicke des Wintersolstizes befindet und zu dem sie in genau 366 Tagen zurückkehrt. Die Tragweite dieses Datums ist oben erörtert worden; es mag hier noch einmal darauf hingewiesen werden, dass diese Bestimmung des Ortes des Wintersolstizes allen den genannten Werken gemeinsam ist und daher offenbar das Faktum einer allmählichen Verschiebung der Solstizien während einer langen Zeit völlig unbeachtet blieb. Das einzige Werk dieser Klasse, das sich von dem allgemeinen Vorurteil betreffs des Ortes des Solstizes emancipirt hat, ist die Sūryaprajñapti, nach welcher das Wintersolstizium am Anfang von Abhijit liegt. — Fünf von diesen 366tägigen Jahren werden in eine Periode zusammengefasst, das sogenannte fünfjährige Yuga, aus dem Grunde, weil die resultirende Anzahl von 1830 Tagen in annähernd genauer Weise einer ganzen Anzahl von siderischen Umläufen des Mondes — nämlich deren 67 — darstellt. Da während dieser 67 Umläufe des Mondes die Sonne genau 5 Umläufe vollendet, kommen Sonne und Mond 62mal in Conjunction, und das Yuga befasst demnach 62 synodische Monate.

§ 15. Mittlere Periode. — Nakṣatras, Conjunctionen etc. — Ein weiteres Interesse gewinnen die Schriften dieser Periode dadurch, dass sie alle die Stellen im Umkreise der Nakṣatras angeben, an denen die Conjunctionen und ebenso die Oppositionen von Sonne und Mond, d. h. die Neumonde und die Vollmonde, stattfinden. Darauf bezügliche Regeln und Rechnungen bilden den Hauptinhalt des Jyotiṣa-Vedāṅga sowohl als der Sūryaprajñapti. Da den Schriften dieser Periode die Unterscheidung von mittlerer und wahrer Bewegung der Himmelskörper durchaus fremd ist, ergeben sich die gesuchten Örter durch ganz einfache Rechnungen, die unmittelbar auf den Grundelementen des fünfjährigen Yuga basiren. Der ganze Rechnungsprocess und die daraus folgenden Resultate sind deutlich und umständlich in der Sū. Pr. dargestellt, während das Jyo. Ve. den Process in wenigen äusserst concisen Regeln zusammenfasst, die zum Teil noch nicht erklärt sind. Die Nakṣatra-Reihe dieser Periode ist wesentlich die der ersten Periode; doch ist auch hier nun alles vollständig und methodisch ausgearbeitet. Die Zahl der Nakṣatras erscheint verschiedentlich als 27 oder 28 (mit Einschluss von Abhijit). Einige Werke, darunter das Jyo. Ve., erwähnen nur 27, welche alle als von gleichem Umfang betrachtet werden, ein jedes gleich dem 27. Teil der Sphäre. Andere Autoritäten erkennen ebenfalls 27 Nakṣatras an, aber eingeteilt in Klassen von verschiedenem Umfang; und andere wieder wissen von 28 Nakṣatras, die ebenfalls in Klassen von verschiedenem Umfang zerfallen: so z. B. die Sūryaprajñapti. Es kann keinem Zweifel unterliegen, dass die Anerkennung eines 28. Nakṣatra damit zusammenhängt, dass der Überschuss des siderischen Monats über 27 Tage nun bestimmt realisirt wurde; und die Details wurden jedenfalls in Verbindung mit der Lehre vom fünfjährigen Yuga ausgearbeitet, aus welchem der Betrag dieses Überschusses genau abgeleitet werden kann. Dass einzelne Werke wie das Jyo.Ve. trotzdem nur von 27 Nakṣatras sprechen, ist kaum daraus zu erklären, dass ihnen die Reihe von 28 Gliedern unbekannt war, sondern einfach aus dem Wunsche, die Rechnungen zu vereinfachen. So wendet ja auch schliesslich die spätere astronomische und astrologische Litteratur im ganzen nur die 27gliedrige Reihe an. Von Interesse in dieser Hinsicht sind Stellen in Bhāskarācāryas Siddhānta-Siromaṇi und Brahmaguptas Sphuṭa-Siddhānta, welche beide Systeme erwähnen und das 28teilige als das genauere bezeichnen, welches von den Ṛṣis, Vasiṣṭha, Garga u. a., gelehrt worden sei (die uns bekannten Fragmente Gargas beziehen sich nur auf das 27teilige System). Der Vorteil des 28teiligen Systems ist, dass von den 27 gewöhnlichen Nakṣatras angenommen werden kann, dass sie durchschnittlich mit dem Monde je eine natürliche Tag-Nacht in Verbindung bleiben, während der Überschuss des siderischen Monates über 27 Tage der Verbindung des Mondes mit Abhijit zugeteilt wird: so z. B. nach der Sū. Pra. und auch nach Brahmagupta im Khaṇḍakhādyaka. Wo nur 27 Nakṣatras angenommen werden, fällt diese natürliche Verbindung weg; und jedes einzelne Nakṣatra bleibt dann mit dem Monde durchschnittlich etwas länger als eine Tagnacht in Conjunction. — Wo aber ein ungleichmässiger Umfang der Nakṣatras überhaupt anerkannt wird, finden wir anstatt des erwähnten Durchschnittsmasses die folgende Einteilung: sechs Nakṣatras (*rohiṇī, punarvasu, uttara-phalgunī, viśākhā, uttarāṣāḍhā, uttara-bhadrapadā*) haben eine Ausdehnung, die dem normalen Masse vermehrt um seine Hälfte entspricht, sechs eine solche, die der Hälfte des normalen Masses gleichkommt (*bharaṇī, ārdrā, āśleṣā, svātī, jyeṣṭhā, śatabhiṣaj*); die übrigen fünfzehn haben die normale Ausdehnung. Diese Einteilung findet sich übereinstimmend bei Garga, im Nakṣatrakalpa, in der Sū. Pr. und bei Brahmagupta, und lässt sich so ziemlich mit dem vereinigen, was wir aus den astronomischen Werken der dritten Periode über die Ausdehnung der einzelnen Nakṣatra-Sternbilder erschliessen können. Für andere Einteilungen der Nakṣatras — z. B. nach der Zeit des Tages oder der Nacht, zu welcher der Mond mit ihnen in Conjunction tritt (ein in der Sū. Pra. behandeltes Thema) — ist es schwieriger, eine rationelle Erklärung zu finden. Ebenso kann nur ein Teil der Angaben, welche die Sū. Pra. betreffs der Lage der Nakṣatras nördlich oder südlich von der Mondbahn macht, mit dem vereinigt werden, was die spätere Astronomie über diesen Punkt zu sagen hat. Die Zahlen der Sterne, welche die einzelnen Nakṣatra-Sternbilder ausmachen, finden sich bei verschiedenen Autoritäten dieser Periode genannt und stimmen im ganzen mit den späteren Angaben überein.

Es mag an dieser Stelle ein Wort über den allgemeinen Geist beigefügt werden, der sich in den astronomischen Bemühungen dieser Periode ausspricht. Nichts nämlich ist charakteristischer für diesen Geist, als die langwierigen Methoden und Regeln zur Berechnung der Örter von Sonne und Mond im Kreise der Nakṣatras, die sich in voller Ausführlichkeit in der Sū. Pra. auseinandergesetzt finden, während das Jyo. Ve. die Resultate in condensirter Form enthält. Die Annahme eines Jahres von 366 Tagen ist schon schlimm genug; man wird aber natürlich geneigt sein, der Mangelhaftigkeit der Beobachtungen in einer verhältnismässig frühen Periode einiges nachzusehen. Unser Urteil über die Annahme einer stets rekurrirenden fünfjährigen Periode wird schliesslich davon abhängen, wie diese Annahme allmählich modificirt und verbessert wurde. Von solchen zu erwartenden Verbesserungen ist nun aber einerseits gar nichts zu sehen; die fünfjährige Periode in ihrer ursprünglichen cruden Form scheint Jahrhunderte lang und in weiter

Ausdehnung vorgeherrscht zu haben, bis sie schliesslich durch ein auf völlig anderer Grundlage beruhendes System verdrängt wurde. Und was schlimmer ist, die aus der Annahme eines fünfjährigen Yuga folgenden Einzelheiten wurden bis ins kleinste mit einer blinden Zuversicht und einem evidenten Wohlgefallen ausgearbeitet, welche in Anbetracht der völligen Bodenlosigkeit des ganzen Systems etwas geradezu Erschreckendes haben. Eine genaue Erwägung der Geistesrichtung, aus welcher Werke wie das Jyo.Ve. und die Sū. Pra. hervorgegangen sind, kann nicht genug empfohlen werden sowohl denen, welche die wissenschaftliche indische Astronomie als ein auf völlig nationalem Boden erwachsenes Produkt ansehen, als denen die zu glauben geneigt sind, dass man schon Tausende von Jahren vor der Epoche des Vedāṅga die Solstizien und Äquinoctien in Indien regelmässig und erfolgreich beobachtete, und dass die Resultate der späteren Beobachtungen systematisch dazu angewendet wurden, die der früheren zu verbessern.

§ 16. Mittlere Periode. — Zodiakus. — Es ist nicht unmöglich, dass einigen der Werke, die wir wegen ihres allgemeinen Charakters unserer zweiten Periode zurechnen müssen, schon die Einteilung des Zodiaks in zwölf Zeichen bekannt war. Direkte Evidenz hierfür liegt freilich nur im Mahābhārata und in den Purāṇas vor, und die Kenntnis der Zeichen mag hier als ein späteres Element betrachtet werden, das um die Zeit eindrang, als die Purāṇas ihre uns gegenwärtig vorliegende Gestalt erhielten. Andrerseits liesse sich wohl annehmen, dass ein so ganz äusserliches und — von wissenschaftlichem Standpunkte aus — unwesentliches astronomisches Element wie die Annahme von 12 Zeichen an Stelle der 27 Nakṣatras früher in Indien Eingang fand als der eigentlich wichtige und wissenschaftliche Teil westlicher Astronomie. Jedenfalls scheint es nicht geraten, auf das Vorkommen der zwölf Zeichen als eines wesentlichen chronologischen Kriteriums grossen Wert zu legen.

§ 17. Mittlere Periode. — Kalender. — Aus der oben beschriebenen Ansicht von Sonnen- und Mondlauf folgt von selbst der Charakter des Kalendersystems dieser Periode. Wie früher bemerkt, war wohl schon in der späteren vedischen Periode ein ähnliches System vorherrschend; aber in völlig klarer und durchgearbeiteter Form tritt es uns erst in den Schriften dieser Periode entgegen, am deutlichsten beschrieben in der Sū. Pra. und den Fragmenten Garga's. Die fünf Jahre des Yuga enthalten zusammen 62 synodische Monate, deren jeder $29^{16}/_{31}$ Tage lang ist. Der synodische Monat ist der einzige praktisch anerkannte; um aber dem Jahre theoretisch die von Alters anerkannte Zahl von 12 Monaten zu sichern, werden von diesen 62 Monaten zwei als überschüssig (*adhika*) behandelt und nicht gezählt; es sind dies der 31. und 62. Das Jahr wird ferner theoretisch in 12 Sonnenmonate (*saura māsa*) eingeteilt, von denen jeder den 12. Teil von 366 Tagen ($= 30^1/_2$ Tage) umfasst; der 30. von diesen Monaten geht zugleich mit dem 31. synodischen Monat zu Ende, so dass sich in der Mitte, ebenso wie am Anfang des Yuga, Sonnen- und Mondrechnung in voller Übereinstimmung befinden. Neben diesen beiden Arten von Monaten wird eine dritte beibehalten, nämlich der einfach 30tägige Monat, gleich dem zwölften Teil des alten 360tägigen Jahres. Dies Jahr heisst nun das Sāvana-Jahr, so genannt nach den Somapressungen (*savana*), welche nach altvedischem Ritual durch 360 Tage fortgesetzt die grossen, *ayana* genannten, Jahresopfer constituiren; der 30tägige Monat heisst demnach ebenfalls Sāvana. — Jeder synodische Monat von $29^{16}/_{31}$ Tagen wird weiterhin in 30 Teile von gleicher Länge eingeteilt, die sogenannten Tithis oder lunaren Tage. Diese Einteilung, die, mit den durch die spätere vorgerückte Kenntnis des Sonnen- und Mondlaufs bedingten Modificationen, bis auf die Gegenwart festgehalten worden ist, macht den am meisten charakteristischen Zug des indischen Kalenderwesens aus; sie findet sich in dem Systeme keiner anderen Nation. Da der Tithi etwas kürzer ist als der natürliche Tag, fällt im Laufe der Monate der Anfang des Tithi weiter und weiter vor den Anfang des natürlichen Tages, bis sich nach Ablauf von 61 Tagen wieder Harmonie zwischen Mondtagen und natürlichen Tagen einstellt, indem der 62. Mondtag nach Anfang des 61. natürlichen Tages beginnt und zugleich mit diesem zu Ende geht. Es wird daher jeder 62. Tithi als überzählig behandelt und ausgelassen; solche Tithis heissen *kṣayâha* oder *ûnarâtra*. In allen kalendarischen Rechnungen wird der Tithi, nicht der natürliche Tag, als Grundeinheit behandelt; und dies, zusammen mit dem System der Monatsrechnung, gibt zu einer eigentümlichen Methode Anlass, nach der man die Summe der Tage berechnet, die von einer bestimmten Epoche an bis zu einem gegebenen Datum, d. h. dem Anfang eines gegebenen Tithi, verflossen sind. Diese Methode, um den sog. Ahargaṇa, d. i. die Summe der abgelaufenen Tage, zu finden, ist später — in unserer dritten Periode — weiter ausgebildet und dadurch viel umständlicher geworden, dass die Zeitperioden, die man der Rechnung zu grunde legte, ungeheuer viel grösser waren als das fünfjährige Yuga. Es kann aber nicht bezweifelt werden, dass die Methode in dieser unserer zweiten Periode entstand, und das im Sûrya-Siddhânta und ähnlichen Werken beschriebene Verfahren nur diejenige Erweiterung der alten Praxis darstellt, welche durch die spätere viel genauere Kenntnis des Sonnen- und Mondlaufes notwendig gemacht wurde. Da der Process in Verbindung mit der Darstellung des Sûrya-Siddhânta beschrieben werden soll, genüge hier die Angabe, dass für ein gegebenes Datum zuerst die Anzahl der von der Epoche an verflossenen Tithis berechnet wird, dann die der Summe der Tithis entsprechende Zahl von Kṣayâhas ermittelt wird, und man schliesslich durch Abzug dieser Zahl von der Summe der Tithis die Anzahl von abgelaufenen natürlichen Tagen feststellt.

§ 18. Mittlere Periode. — Tageseinteilung, längster und kürzester Tag. — Die einzige allgemein angewandte Einteilung des Tages ist die in 30 Muhûrtas oder 60 Nâḍikâs. Die Nâḍikâ wird vielfach weiter eingeteilt; es herrscht aber darin keine Übereinstimmung, sondern jedes einzelne Werk teilt in der Weise ein, die für die auszuführenden Berechnungen am bequemsten erscheint. Das Jyo. Ve. z. B. teilt die Nâḍikâ in $10^1/_{20}$ Kalâ ein und erreicht damit den Vorteil, die Länge des natürlichen Tages und die Zeit, die der Mond in einem Nakṣatra verweilt, in ganzen Zahlen ausdrücken zu können (603 und 610 Kalâs). Garga teilt die Nâḍikâ in $2^1/_{15}$ Lava ein und erhält so ganze Zahlen für die Dauer des Tithi, des natürlichen Tages und des solaren Tages (122, 124, 126 Lavas). Die Sû. Pr. andererseits beschwert sich nicht mit irgend welchen feststehenden Teilen des Muhûrta, sondern drückt alle vorkommenden kleinen Zeiträume einfach als Bruchteile des Muhûrta aus. Ebenso scheint keine weitere feststehende Einteilung der Sphäre anerkannt zu sein, als die in 27 oder 28 Nakṣatras von gleicher oder ungleicher Ausdehnung. Die Sû. Pr. befolgt den einfachen Plan, den ganzen Umkreis der Nakṣatras in $819^{27}/_{67}$ Muhûrtas einzuteilen, was die Länge des periodischen Monats darstellt, und jedes einzelne Nakṣatra in so viele Muhûrtas zu zerlegen, als der Mond mit dem Nakṣatra in Verbindung bleibt.

Gemeinsam allen Werken dieser Periode ist die Ansetzung der Dauer des längsten und des kürzesten Tages auf je 18 und 12 Muhûrtas und die Annahme, dass in den zwischen diesen zwei Tagen in der Mitte liegenden Perioden die Tageslänge täglich um denselben Betrag ab- oder zunimmt. Darauf, dass die Dauer des längsten etc. Tages in verschiedenen Teilen der Erde eine verschiedene ist, wird nirgends hingewiesen. Die thatsächlich angenommene Länge stimmt mit den wirklichen Verhältnissen derjenigen Gegenden überein, welche etwa unter dem 34. Breitengrade liegen; zu diesen gehört auch der nordwestliche Winkel Indiens. Die Vermutung, dass die Angabe eine von Babylon entlehnte sein sollte, ist wenig wahrscheinlich; jedenfalls müsste zuerst nachgewiesen werden, dass die erwähnten Werte wirklich von den Babyloniern angenommen wurden.

§ 19. Mittlere Periode. — Planeten, Jupitercyklus. Fixsterne. — Die Kenntnis der 5 Planeten ist während dieser Periode allgemein verbreitet. Wenn sie in einigen der Hauptwerke wie z. B. dem Jyotiṣa-Vedāṅga gar nicht, und in anderen wie der Sūrya-Prajñapti nur ganz beiläufig erwähnt werden, so liegt dies daran, dass diese Werke sich nur mit dem beschäftigen, was für den Kalender nötig ist, also dem Lauf der Sonne und des Mondes. Es fehlt uns aber an irgendwie detaillierten Nachrichten über die nähere Kenntnis der Planetenbewegungen. Eine Hauptquelle für die astrologischen Aspekte der Planetenbahnen nach Ansicht dieser Periode ist die Bṛhat-Saṃhitā des Varāha-Mihira, deren ganze Lehre in dieser Beziehung auf älteren Autoritäten, unter ihnen in erster Linie Garga, beruht. Leider aber hat V. M., der als Astronom ein Vertreter der folgenden unter griechischem Einfluss stehenden Entwicklungsstufe ist, die astronomischen Ansichten der älteren Autoren — die er natürlich selbst nicht billigen konnte — ganz unberücksichtigt gelassen und durch die vorgerückteren seiner Periode ersetzt, so dass er die Überlieferung gerade in den Punkten, wo sie uns am meisten interessieren würde, fallen lässt. Wir besitzen zwar das Vṛddha-Gārgīyam; aber da alle Handschriften desselben höchst corrumpirt sind, ist es schwer, dieselben in astronomischer Hinsicht auszubeuten. Es scheint, dass man in dieser Periode annähernd richtige Ideen über die Umlaufszeit wenigstens der äusseren Planeten hatte; die Details betreffs Venus und Merkur sind sehr schwer zu enträtseln. Den verschiedenen Phasen der retrograden Bewegung der Planeten, besonders des Mars, scheint bedeutende Aufmerksamkeit gewidmet worden zu sein. Von Jupiter war es jedenfalls bekannt, dass sein Umlauf ungefähr 12 Jahre beträgt; es beruht darauf die schon bei Garga erwähnte und von Varāha-Mihira ausführlich behandelte zwölfjährige Jupiter-Periode. Dass diese Periode von zwei verschiedenen Gesichtspunkten aus angesehen und berechnet wurde, hat Ś. B. Dikṣit nachgewiesen, insofern nämlich als Jupiter einerseits in zwölf Jahren ungefähr einen siderischen Umlauf beschreibt und andrerseits in demselben Zeitraum ungefähr elfmal heliakisch aufgeht, so dass wir hier auch dem synodischen Umlauf des Planeten Aufmerksamkeit zugewendet finden. Auch der Umstand, dass die Annahmen, auf denen diese Jupiter-Perioden beruhen, nur annähernd richtig sind, und daher von Zeit zu Zeit Einschaltungen oder Auslassungen nötig werden, ist, wie es scheint, in dieser Periode beachtet und in Rechnung gezogen worden; doch ist es schwer, den Grad der hierin erreichten Genauigkeit zu bestimmen; und wir müssen uns hier wie in anderen Fällen hüten, dieser früheren Zeit Anschauungen und Lehren zuzuschreiben, die erst auf Grund viel weiterer astronomischer Kenntnisse möglich geworden sind. — Auch der bei Varāha-Mihira beschriebene und in den Werken der dritten Periode allgemein erwähnte 60jährige Jupitercyklus gehört seinem Ursprung nach dieser Periode an. Ein jedes Jahr desselben trägt einen eigenen Namen; und der ganze Cyklus zerfällt in 12 Lustren, dessen einzelne Glieder die Namen der Jahre des bekannten 5jährigen Yuga tragen (Saṃvatsara, Parivatsara etc.). Es ist wohl anzunehmen, dass dieser 60jährige Cyklus daraus entstand, dass man eine zugleich den 12jährigen Jupitercyklus und das 5jährige Yuga in sich begreifende grössere Periode zu haben wünschte. Was oben über Einschaltungen etc. im 12jährigen Cyklus gesagt wurde, gilt auch für diese grössere Periode von 60 Jahren.

Von Fixsternen, die nicht zu den Nakṣatra-Gruppen gehören, hat die Astronomie dieser Periode, wie überhaupt die indische Astronomie, nur wenig zu sagen. Bekannt ist der grosse Bär, »die sieben Ṛṣis«, über deren successive Verbindung mit den einzelnen Nakṣatras die astrologischen Schriftsteller schwer verständliche Angaben machen, der Polarstern (*dhruva*), um den alle anderen Himmelskörper kreisen, und Agastya-Canopus, dessen Frühaufgang von Alters her Interesse erregt zu haben scheint. — Was Bücher wie die Bṛhat-Saṃhitā und die älteren Werke, auf die sich dieselbe stützt, über Kometen und Meteore zu sagen haben, ist absolut phantastisch und ohne alle astronomische Bedeutung.

§ 20. Mittlere Periode. — Kalpas und Yugas. — Wir müssen schliesslich in dieser zweiten Periode den Ursprung der ungeheuer grossen Zeitperioden ansetzen, deren Anwendung in der darauf folgenden Periode die Form der Darstellung in allen astronomischen Lehrbüchern so wesentlich beeinflusst. Es erscheint hier nämlich der Gedanke der grossen Yugas (*mahāyuga*) und Kalpas, von denen die ersteren je 4320000 Jahre umfassen, während 1000 solcher Perioden (um nur die einfachste Berechnung zu erwähnen) einen Kalpa bilden. Das Mahāyuga selbst zerfällt in vier Yugas von successiv abnehmender Länge und Vortrefflichkeit, das Kṛta-, Tretā-, Dvāpara- und Kali-yuga, deren relative Dauer durch die abnehmende Reihe 4, 3, 2, 1 dargestellt wird. Das Jahr, das hier die Grundeinheit bildet, wird als aus 360 Tagen bestehend beschrieben und steht sonach auf einer älteren Stufe als das sonst in der zweiten Periode angewandte Jahr von 366 Tagen. Die Beschreibung dieser Zeit-Abteilungen findet sich nicht in den rein astronomischen Werken der Periode, sondern bei Manu, im Mahābhārata und besonders in den Purāṇas; erwähnt werden sie auch vielfach in der alten buddhistischen Litteratur. Ein eigentlich astronomischer Gebrauch wird von ihnen in dieser Periode nicht gemacht; sie erscheinen hier einfach als Schöpfungen einer von dem Gedanken der Unermesslichkeit der Zeit ergriffenen Phantasie.

§ 21. Mittlere Periode. — Litteratur. — Über die hauptsächlichen Werke, auf denen die oben gegebene Darstellung der zweiten Periode beruht, mögen die folgenden litterarischen Angaben gemacht werden. — Das Jyotiṣa-Vedāṅga ist ein kleiner in Anuṣṭubh-Śloken abgefasster Tractat, der in seiner dem Yajurveda zugehörigen Recension 43 Verse umfasst; die zum Ṛgveda gehörende Recension, die vielfach abweicht, hat 36 Verse. Das Werk beschreibt die Constitution des fünfjährigen Yuga, wobei es hauptsächlich darauf ausgeht, die Stellen von Mond und Sonne an den Solstizien, Neu- und Vollmonden im Kreise der Nakṣatras direkt anzugeben oder Regeln zu deren Berechnung aufzustellen. Es befleissigt sich dabei einer änigmatischen Kürze, und da zudem der Text vielfach sehr verderbt ist, ist ein bedeutender Teil des Werks noch nicht erklärt. Der Commentar Somākara's dazu ist wertlos, enthält aber wichtige Citate. — Unter diesen sind die wichtigsten die aus Garga; es handelt sich dabei, wie es scheint, um ein rein astronomisches Werk dieses als alte Autorität für Astronomisches vielfach genannten Autors. Zwei längere Citate enthalten ausführliche Belehrung über die während dieser Periode verwendeten Zeitmasse, über die Örter von Sonne und Mond an den Solstizien des fünfjährigen Yuga und über die Kalenderdaten der letzteren. Über die Zeit des Garga oder des Werkes, dem diese Citate entnommen sind, wissen wir nichts; es ist aber von Interesse, dass in einem höchstwahrscheinlich dem Garga entnommenen Citate bei Varāha-Mihira gesagt wird, dass die Yavanas eine gute Kenntnis der Astronomie besitzen. Dabei ist jedoch nicht zu vergessen, dass das, was wir über die Lehren und Ansichten des Garga erfahren, keine Spur griechischen Einflusses zeigt, sondern ganz mit den Anschauungen dieser unserer zweiten Periode übereinstimmt. — Das Werk oder die Werke Gargas, dem die erwähnten Citate angehören, waren jedenfalls verschieden von der wesentlich astrologischen Vṛddha-Garga-Saṃhitā, welche erhalten ist und weiter unten erwähnt werden wird. Doch enthält auch dieses Werk Angaben astronomischer Natur, besonders über die Planeten; aber wegen des sehr verderbten Zustands der Manuscripte sind sie noch wenig verwendet worden. — Die Sūryaprajñapti oder Sūrapannatti ist das in Māgadhī abgefasste astronomische Lehrbuch der Jainas, ein Werk von ziemlich bedeutendem Umfang, commentirt in Sanskrit von Malayagiri. Seinem Inhalte nach ist es insoweit dem Jyo.Ve. parallel, als es hauptsächlich darauf ausgeht, das fünfjährige Yuga mit seinen Unterabteilungen zu beschreiben und die Stellungen des Mondes und der Sonne in den verschiedenen Epochen desselben anzugeben; es gibt aber weiter eine Art physischer Theorie von den Bewegungen von Sonne und Mond und vielfache Belehrung über die Beschaffenheit der Erdoberfläche; alles dies fehlt im Vedāṅga völlig. — Von dem im 12. Kapitel seiner Pañcasiddhāntikā behandelten Paitāmaha-Siddhānta, dessen Lehre durchaus die des Jyo. Ve. ist, sagt Varāha-Mihira, dass seine Berechnung des fünfjährigen Yuga von dem 3. Jahre der Śaka-Āra ausgeht. Da V. M. für die Berechnungen nach den anderen Siddhāntas, von deren Lehren er einen Abriss gibt, als gemeinsames Ausgangsjahr Śaka 427 festsetzt, so ist anzunehmen, dass Śaka 3 vom Pait. Si. selbst als Anfangspunkt gebraucht wurde. — Alle wichtigen Purāṇas enthalten Abschnitte über die Beschaffenheit der Welt und den Lauf der hauptsächlichsten Himmelskörper, die vollkommen auf dem Boden der Anschauungen unserer zweiten Periode stehen. Die einzige Ausnahme ist, wie schon bemerkt, die gelegentliche Bezugnahme auf die Zeichen des Zodiaks neben den Nakṣatras. Was immer auch die Zeit der schliesslichen Redaktion der Purāṇas in ihrer jetzigen Form gewesen sein mag, die erwähnten Abschnitte haben jedenfalls ihrem Inhalte nach ein bedeutendes Alter. Als besonders wichtig sind zu nennen die betreffenden Kapitel des Vāyu-Purāṇa, des Matsya-Purāṇa und des Viṣṇupurāṇa (das letzte zugänglich in Wilsons Übersetzung mit Fitz Edward Halls Anmerkungen).

A. Weber, Über den Vedakalender namens Jyotisham (Abhandl. d. Ak. d. Wiss. z. Berlin 1862); G. Thibaut, Contributions to the Explanation of the Jyotisha Vedāṅga (JASB. vol. 46); SBD. p. 70ff. — Die Citate aus Garga sind mitgeteilt in Webers eben erwähnter Ausgabe des Jyo.Ve. Vgl. A. Weber, Über die Aufzählung der vier Zeitmaasse bei Garga (Ind. Stud. IX). — A. Weber, Über den auf der Königl. Bibl. zu Berlin befindlichen Codex der Sūryaprajñapti (Ind. Stud. X); G. Thibaut, On the Sūryaprajñapti (JASB. vol. 49)— Über den Paitāmaha-Siddhānta vgl. Einleitung zu Thibauts und Sudhākara Dvivedis Ausg. d. Pañcasiddhāntikā; SBD. p. 151. — Über das oben erwähnte Fragment des Pauṣkarasādin vgl. R. Hoernle, The Weber MSS. (JASB. vol. 62). — Angaben über die allgemeine Beschaffenheit der Welt und der Erde finden sich in den Purāṇas und der Sūryaprajñapti; dieselben Werke beschreiben den Modus der Umläufe der Himmelskörper. Ausführliche Angaben über die Nakṣatras finden sich in der Sū. Pra. und dem Nakṣatrakalpa. Fast alle angeführten Werke beschreiben oder berühren das fünfjährige Yuga, besonders das Jyo.Ve., die Fragmente Gargas und die Sū. Pra. — Über Nakṣatras von ungleichem Umfang vgl. den ersten Teil von Webers Abhandlung über die Nakṣatras p. 309 ff., und S. B. Dikṣit, The Twelve-Year Cycle of Jupiter (Corp. Inscr. Ind. Vol. III). — Über die zwölf- und sechzigjährigen Jupitercyklen geben alle Werke über indische Chronologie Auskunft; vgl. ferner über den ersteren die eben erwähnte Arbeit S. B. Dikṣits und über den letzteren F. Kielhorn, The Sixty-Year Cycle of Jupiter (Ind. Ant. XVIII).

§ 22. Dritte Periode. — Charakteristik. — Was wir als die dritte Periode bezeichnen, umfasst alle die Werke, welche man gewöhnlich im Auge hat, wenn man von indischer Astronomie spricht, und unter denen der Sūrya-Siddhānta möglicher Weise das älteste und zugleich im ganzen wichtigste ist. Was die Werke dieser Periode oder Klasse von den bisher besprochenen bestimmt unterscheidet, ist der verhältnismässig weit entwickelte Charakter des astronomischen Wissens, welches sie darstellen. Während die Werke der vorausgehenden Periode einen im Ganzen durchaus phantastischen Charakter tragen, und die Anzahl der in ihnen annähernd richtig bestimmten Elemente eine sehr geringe ist, so dass sich mit ihrer Hilfe nur ganz wenige Phänomene irgendwie berechnen lassen, haben wir in der dritten Periode mit Werken zu thun, denen ein wissenschaftlicher Charakter nicht abgesprochen werden kann. Das phantastische Element der früheren Weltansicht ist hier in der Hauptsache ausgetilgt; es erscheinen gewisse gesunde Fundamentalanschauungen und Begriffe, und der ganze Gesichtskreis der Astronomie ist ungeheuer erweitert. Zahlreiche Elemente finden sich mit grosser annähernder Genauigkeit bestimmt; und es lassen sich nach ihnen viele astronomische Berechnungen ausführen, von denen die vorhergehende Periode keine Ahnung gehabt hatte. Das System, das sich uns hier darstellt, hat sich von Anfang dieser Periode bis zur heutigen Zeit in Indien erhalten, ohne wesentliche Modificationen zu erleiden; und es lässt sich daher ein Abriss desselben geben, der so ziemlich der ganzen astronomischen Litteratur der Periode gerecht wird.

Alle die hier einschlägigen Werke lehren, dass die Erde eine frei im Raum schwebende, sich nicht bewegende Kugel ist, und sie haben annähernd richtige Ideen von den Dimensionen dieser Kugel; sie benennen ihre Pole und den Äquator. Sie lehren, dass sich Sonne, Mond, Planeten und Sterne in kreisförmigen Bahnen um die Erde bewegen, die Sphäre der Sterne in einem siderischen Tage, die Sonne in einem natürlichen Tage u. s. w. Dass Sonne, Mond und Planeten ihre Lage in Bezug auf die Sterne ändern, leiten sie daraus ab, dass sie sich langsamer bewegen als die letzteren. Von den sich daraus ergebenden siderischen Umläufen von Sonne, Mond und Planeten werden Bestimmungen von grosser annähernder Genauigkeit gegeben. Es werden ferner die wahren Bewegungen der Himmelskörper von den mittleren unterschieden, und zur Erklärung des Unterschieds die Hypothesen von Epicyklen sowohl als von excentrischen Kreisen beigezogen; der Betrag der Unterschiede wird ziemlich genau angegeben. Für die Planeten werden die zwei Ungleichheiten richtig auseinandergehalten und besonders berechnet. Ebenso werden die Veränderungen in der Breite der Planeten beachtet und berechnet. Die Lage der Himmelskörper wird sowohl nach der Ekliptik als auch nach dem himmlischen Äquator bestimmt; der Betrag der Neigung dieser beiden Kreise zu einander ist bekannt, ebenso das Vorrücken der Äquinoctien. Man kennt ferner die Neigung der Mondbahn zur Ekliptik und die Periode des Umlaufs der Mondknoten und ist daher im stande, Anleitung zu geben zur Berechnung von Mondfinsternissen und auch — mit Beachtung der Parallaxen — von Sonnenfinsternissen. Alle Werke dieser Periode haben ferner eine und dieselbe feststehende Zeiteinteilung von sexagesimalem Charakter und bedienen sich zur Anwendung ihrer Principien auf astronomische Berechnungen einiger einfacher Sätze der ebenen Trigonometrie und einer mit bedeutender Genauigkeit berechneten Sinustafel, die von 225′ zu 225′ fortschreitet. Die Einteilung der Sphäre in 27 Nakṣatras ist nicht aufgegeben; daneben aber erscheint als das vorwiegende System die Einteilung in die uns bekannten zwölf Zeichen des Zodiaks, mit ihrer Unterabteilung in Grade, Minuten und Sekunden.

Die Quellen der Belehrung über das astronomische System der dritten Periode sind zahlreich, da seit dem Anfange der europäischen Sanskritstudien der indischen Astronomie vielfache Aufmerksamkeit zugewendet worden ist. Es kann hier nur auf einige der wichtigsten Werke hingewiesen werden. — In erster Linie ist zu nennen die Übersetzung des Sūrya-Siddhānta durch Burgess-Whitney (JAOS. Vol. VI), deren umfängliche Noten eine vollständige Erklärung und kritische Erörterung aller hauptsächlichen Processe der indischen Astronomie enthalten. Nächst dem die Übersetzung des Golādhyāya von Bhāskaras Siddhānta-Śiromaṇi durch WILKINSON und BĀPU DEVA ŚĀSTRIN (Bibl. Ind.). — Unter den zahlreichen Darstellungen indischer astronomischer Methoden, die sich nicht auf bestimmte Texte beschränken, mögen genannt werden S. DAVIS' immer noch sehr lesenswerter Aufsatz »On the Astronomical Computations of the Hindus« im 2. Bande der Asiatic Researches; die betreffenden Kapitel in WARRENS Kālasaṃkalita; BAILLYS Astronomie Indienne; das Kapitel über orientalische Astronomie in DELAMBRES Astronomie Ancienne und die verschiedenen Arbeiten J. B. BIOTS über indische Astronomie, besonders die Études sur l'Astronomie Indienne.

§ 23. Dritte Periode. — Hauptquellen. — Als grundlegende Werke dieser Periode dürfen vier sogen. Siddhāntas angesehen werden. Varāha-Mihira, der im 6. Jahrhundert unserer Ära eine Übersicht über die damals anerkannten astronomischen Hauptwerke gab, macht fünf solcher namhaft; von diesen gehört aber eines, der Paitāmaha-Siddhānta, seinem Charakter nach völlig unserer zweiten Periode an und ist deshalb von uns schon oben erwähnt worden. Von einem der weiteren vier Siddhāntas, dem Vāsiṣṭha-Siddhānta, könnte gesagt werden, dass er eine Übergangsstellung einnimmt; seine Lehre ist jedoch so weit über die der zweiten Periode vorgeschritten, dass er am besten der dritten Periode zugerechnet wird. Die drei anderen sind der Pauliśa-, der Romaka- und der Saura-(Sūrya-)Siddhānta. Wir betrachten hier zuerst den letzteren, obwohl wir durchaus nicht bestimmt sagen können, dass er der älteste von den vier Siddhāntas ist. Er ist aber das eigentlich typische Werk der neuen Entwicklungsstufe und hat sich bis auf die Gegenwart in Ansehen und Einfluss behauptet, während die drei anderen Werke schon frühe in Vergessenheit geraten zu sein scheinen. Dazu kommt, dass der S. S. uns vollständig vorliegt, wenn schon in einer Form, die von der dem V. M. bekannten vielfach abweicht, während wir für die drei anderen Siddhāntas fast gänzlich auf die in der Pañcasiddhāntikā gegebene höchst concise — und teilweise noch unerklärte — Darstellung ihrer Lehren angewiesen sind.

Über die Stellung der grundlegenden Siddhāntas vgl. die Einleitung zur Ausgabe der Pañcasiddhāntikā (s. u.) und die betreffenden Abschnitte von S. B. DIKṢITS Buch; ebenfalls KERNS Einleitung zu seiner Ausgabe von V. M.s Bṛhat-Saṃhitā, obschon über diese ganzen Fragen erst das Bekanntwerden der P. S. Licht verbreitet hat.

§ 24. Dritte Periode. — Sūrya-Siddhānta. — Der Sūrya-Siddhānta in der auf uns gekommenen Gestalt ist ein in Anuṣṭubh-Śloken abgefasstes Werk in vierzehn Kapiteln. Die folgende Übersicht über den Inhalt der einzelnen Kapitel mag zugleich als eine alles Wesentliche berührende Übersicht über das ganze astronomische Wissen der Inder von Anfang der dritten Periode bis auf die heutige Zeit angesehen werden. Die Darstellung folgt der Ordnung der Kapitel, nur dass unter dem ersten Kapitel einiges von dem Inhalt des zweiten vorausgenommen wird.

Der erste Abschnitt — madhyamādhikāra — handelt zunächst von der Einteilung der Zeit. Der siderische Tag wird in 60 Nāḍikās eingeteilt, jede derselben in 60 Vināḍikās; und es werden dann Definitionen gegeben vom siderischen, bürgerlichen (*sāvana*), lunaren und solaren Monat, Unterscheidungen, die uns schon teilweise aus der früheren Periode bekannt sind. Neu ist hier der siderische Tag in der Bedeutung der Zeit der Umdrehung der Sternsphäre um die Erde, und der siderische Monat als 30 solcher Umläufe umfassend; neu ist ebenfalls die Weise, in der die solaren Monate von dem Eintritt der Sonne in die Zeichen des Zodiaks abhängig gemacht werden. Zwölf solare Monate bilden ein Jahr, und in der Weise der Purāṇas 4320000 solcher Jahre ein grosses Weltalter (*mahāyuga*), welches in 4 ungleiche Teile zerfällt, indem die ersten 4 Zehntel das Kṛtayuga bilden, die nächsten 3 Zehntel das Tretāyuga, die folgenden 2 Zehntel das Dvāparayuga und das letzte Zehntel das Kaliyuga. Tausend Mahāyugas bilden ein Kalpa oder Äon, welches wieder in 14 sog. Manvantaras »andere Manus« zerfällt (indem für jede dieser Perioden ein neuer Manu entsteht), von denen jedes 71 Mahāyugas umfasst; die 6 übrig bleibenden Mahāyugas verteilen sich auf die die Manvantaras von einander trennenden sog. Dämmerungen (*sandhyā*). Am Ende eines jeden Kalpa tritt eine allgemeine Zerstörung der Welt ein, auf welche eine neue Schöpfung folgt. Die Himmelskörper — Sonne, Mond, Planeten und Fixsterne — kreisen um die Erde von Ost nach West in einem Tage, die Sterne in einem siderischen Tage, die anderen Himmelskörper in etwas längeren Tagen, da sie sich weniger schnell als die Sterne bewegen; sie fallen daher allmählich hinter die Sterne zurück, und es entsteht so das Phänomen ihrer Umläufe durch die gestirnte Sphäre. Als Anfangspunkt der — in Zeichen, Grade, Minuten und Sekunden eingeteilten — Umläufe gilt das Ende des Nakṣatra Revatī (gleich dem Anfang von Aśvinī). Die Länge der Umlaufszeiten wird nicht direkt angegeben, sondern in der Weise, dass gesagt wird, wieviel ganze Umläufe durch die siderische Sphäre der Himmelskörper in einem Mahāyuga vollendet. Was wir unter den siderischen Umläufen von Sonne, Mond, Mars, Jupiter und Saturn zu verstehen haben, ist nach obigem klar. Anders verhält es sich mit Merkur und Venus, als deren mittlere Örter von den Indern, übereinstimmend mit den Griechen, die mittleren Örter der Sonne angesehen werden, so dass die Zahl der mittleren Umläufe der beiden Planeten der der Sonne gleich ist. Die Thatsache, dass Merkur und Venus, während sie sich stetig in der Nähe der Sonne halten, bald im Westen und bald im Osten derselben erscheinen, sich ihr nähernd oder sich von ihr entfernend, schreibt der S. S. dem Einfluss unsichtbarer, als Formen der Zeit bezeichneter, Wesen zu, die selbst den Zodiak durchkreisen und dabei beständig die Planeten vermittelst aus Luft gebildeter Seile an sich ziehen. Diese störenden Wesen machen in einem Yuga ebenso viele Umläufe, als in Wirklichkeit Merkur und Venus in derselben Periode um die Sonne vollenden; das System substituirt demnach die Umläufe dieser imaginären Existenzen für die wahren siderischen Umläufe der beiden Planeten. Wenn sich der imaginäre Anzieher in seinem Umlauf durch den Zodiak östlich von der Sonne befindet, zieht er den Planeten in derselben Richtung von seinem mittleren Orte ab; der Planet erscheint dann in östlicher Elongation; dementsprechend erklärt sich die westliche Elongation. Der technische Name dieser anziehenden Wesen ist *śīghrocca* oder einfach *śīghra*, d. i. der höchste Punkt der schnellen Bewegung, wofür nach dem Vorgang Whitneys am besten der Ausdruck »Conjunction« gebraucht wird. Eine analoge Hypothese erklärt nun diejenige Ungleichheit in dem Laufe der drei äusseren Planeten, welche in Wirklichkeit darauf beruht, dass sie von der sich um die Sonne bewegenden Erde gesehen werden. Jeder dieser Planeten hat sein eigenes »*śīghra*«, das in einem Yuga ebenso oft durch den Zodiak kreist, als in Wirklichkeit die Erde um die Sonne läuft, und das durch seine Anziehung den Planeten bald vorwärts bald rückwärts zieht. Und weiter werden auch die Ungleichheiten im Laufe der Himmelskörper, die wir heute aus ihrer elliptischen Bahn erklären, vermittelst einer der obigen entsprechenden Hypothese erklärt. Das Apogäum (hier *mandocca*, d. i. der hohe Punkt der langsamen Bewegung, genannt) zieht den Planeten in der Weise an, dass er sich in einer Hälfte der Bahn hinter seinem mittleren Orte und in der anderen vor demselben befindet. Das Apogäum des Mondes hat eine leicht wahrnehmbare Bewegung; und es wird daher angegeben, wieviel Umläufe es in einem Yuga vollendet. Die Bewegung der Apogäen (Aphelien) der Sonne und der Planeten ist eine so langsame, dass sie schwer zu beobachten ist, und die griechischen Astronomen sehen daher diese Apogäen als stationär an. Im S. S. dagegen wird gelehrt, dass sie eine bestimmte Anzahl von Umläufen in einem Kalpa vollenden. Es wäre aber durchaus irrig, anzunehmen, dass wir es hier mit einer auf Beobachtung beruhenden Theorie zu thun hätten. Der Betrag der Bewegung stimmt in keiner Weise mit dem wirklichen überein; und es ist daher unzweifelhaft, dass aus der bekannten Thatsache der Bewegung des Mondapogäums die Bewegung der Planetenapogäen ganz theoretisch erschlossen wurde; dabei wurde die Zahl der Umläufe der Apogäen in einem Kalpa so bestimmt, dass sich daraus die Örter derselben zur Zeit des S. S. annähernd richtig ergaben. In ganz analoger Weise werden die Knoten behandelt. Die Umlaufszeit der Knoten des Mondes ist bekannt; für die Knoten der Planeten werden Umlaufszeiten erfunden in derselben Weise wie für die Apogäen.

Es ist nun ferner erforderlich zu wissen, welches die Länge des Sonnenjahres des S. S. ist, um daraus die wirkliche Länge des Yuga und der in ihm enthaltenen Planetenumläufe zu bestimmen. Statt diese Länge direkt anzugeben, lehrt der S. S., dass das Yuga 1 582 237 828 siderische Tage enthält, und dass wir die Anzahl der natürlichen Tage erhalten, wenn wir von dieser Summe die Anzahl der Sonnenumläufe abziehen. Durch Teilung der Zahl der natürlichen Umläufe durch die Zahl der Umläufe eines jeden Himmelskörpers erhalten wir die Dauer eines Umlaufes. Die Resultate weichen nur gering von den Bestimmungen der Griechen ab und sind in einzelnen Fällen nahezu identisch mit denselben.

Die Methode, nach der aus diesen Elementen der mittlere Ort eines Himmelskörpers berechnet wird, ist ganz analog der, welche wir schon für die zweite Periode angenommen haben. Der S. S. setzt, wie das *Jyotiṣa-Vedāṅga*, ein lunisolares Jahr und einen dementsprechenden Kalender voraus; dieser Kalender ist aber natürlich sehr viel complicirter als in der früheren Periode, wo man einfach 62 synodische Umläufe des Mondes fünf Umläufen der Sonne genau gleichsetzte und dazu von dem Unterschied der mittleren und wahren Bewegungen nichts wusste. Trotz dieser unendlich complicirteren Form, auf deren Einzelheiten wir hier nicht eingehen können, sind aber die Grundzüge dieselben. Es handelt sich auch hier darum, für ein gegebenes Datum zuerst die Zahl der seit einem bestimmten Zeitpunkt abgelaufenen Tithis und daraus die Zahl der verflossenen natürlichen Tage aufzufinden. Zu diesem Zweck gibt der S. S. an, wieviel überzählige (*adhika*) synodische Monate und wieviel auszulassende lunare Tage (*kṣayāha*) das Mahāyuga enthält. Als Ausgangspunkt für alle Rechnungen wird das Ende des letzten Kṛtayuga angenommen, da damals alle Himmelskörper am Anfangspunkt der Sphäre in Conjunction gewesen sein sollen. Von diesem Zeitpunkt an werden die Jahre bis zum Anfang des laufenden Jahres des Datums, für welches die Berechnung gewünscht wird, zusammengezählt; mit 12 multiplicirt geben sie die verflossenen solaren Monate, zu welchen nun die abgelaufenen Monate des laufenden Jahres addirt werden. Für diese Summe wird durch Proportion aus den bekannten Zahlen der solaren Monate und überzähligen Monate des Mahāyuga die entsprechende Zahl der überzähligen Monate berechnet und derjenigen der solaren Monate zugezählt. Die Summe wird mit 30 multiplicirt und dazu die Zahl der verflossenen Tithis des laufenden Monates addirt; das Resultat sind die seit dem Ende des letzten Kṛtayuga abgelaufenen Tithis. Und daraus wird schliesslich, wieder durch Proportion aus den bekannten für das Mahāyuga geltenden Zahlen, die Zahl der der Summe der abgelaufenen Tithis entsprechenden

Kṣayāhas berechnet. Wird nun diese Zahl von der Summe der verflossenen Tithis abgezogen, so bleibt übrig die Summe der seit dem Ausgangspunkt der Rechnung abgelaufenen natürlichen Tage (der sog. *ahargaṇa*). Daraus lässt sich dann, auf Grund der bekannten Zahl der natürlichen Tage des Mahāyuga und der ebenfalls bekannten Zahl der Umläufe eines Himmelskörpers während des Mahāyuga, berechnen, wieviel Umläufe und Teile von Umläufen der Himmelskörper bis zu dem gegebenen Tage vollendet hat; in anderen Worten: der mittlere Ort der Planeten ist bekannt. — Diese übermässig umständliche Rechnung lässt sich dadurch einigermassen abkürzen, dass der Ausgangspunkt der Gegenwart näher gebracht wird; nach dem S. S. selbst — obschon dieser es nicht ausdrücklich anerkennt — sind alle Planeten auch am Anfang des Kaliyuga wieder am Anfang der Sphäre in Conjunction, und dieser Zeitpunkt kann daher als Ausgangspunkt genommen werden. — Das schliessliche Resultat gilt für Mitternacht auf dem Meridian von Ujjayinī oder Avantī (dem heutigen Ujjain in der Central Indian Agency, 75° 53′ östlicher Länge von Greenwich), von welchem gesagt wird, dass er durch Laṅkā und das Kurukṣetra laufe. Laṅkā ist im System dieser Periode eine von vier grossen, in der Entfernung von je 90° von einander auf dem Äquator liegenden Städten. Um den mittleren Ort eines Himmelskörpers für andere Meridiane zu finden, wird eine Regel gegeben, wie die Entfernung einer gegebenen Lokalität vom ersten Meridian zu berechnen ist; dieselbe setzt die Annahme eines Erddiameters von 1600 Yojanas voraus. Der Wert dieser Abschätzung lässt sich nicht genau beurteilen, da die Länge des Yojana nicht sicher zu bestimmen ist. Aus dem gefundenen Längenunterschiede lässt sich der Ort des Planeten vermittelst einer Proportion leicht berechnen. — Das erste Kapitel schliesst mit der Angabe des Betrags, bis zu welchem der Mond und die Planeten sich von der Ekliptik entfernen.

Das zweite Kapitel (*spaṣṭādhikāra*) lehrt, wie die wahren Örter und Bewegungen zu berechnen sind. Die Erklärung des Unterschiedes, zwischen mittlerer und wahrer Bewegung aus der Anziehung der Mandoccas, Śighroccas und Pātas ist schon oben mitgeteilt worden. Zur Berechnung der wahren Erscheinungen zieht nun der S. S. die aus der griechischen Astronomie bekannten Epicyklen herbei und gibt zunächst — um die Anwendung derselben möglich zu machen — eine Tafel der trigonometrischen Sinus. In einer der indischen Astronomie eigentümlichen Weise wird der Kreisumfang dem Radius in der Weise commensurabel gemacht, dass der letztere in 3438′ eingeteilt wird, während der Quadrant des Kreises deren $90 \times 60 = 5400$ enthält. Die auf Grund dieser Annahme berechnete Sinustafel enthält 24 Sinus, d. i. sie schreitet von 225 zu 225 Kreisminuten vor; der erste Sinus wird dem entsprechenden Bogen gleichgesetzt, beträgt also 225; der letzte, der Sinus von 90°, ist natürlich = 3438; und es wird ferner gelehrt, wie die Werte der Sinus, welche zwischen den 24 in der Tafel angegebenen Sinus liegen, sich berechnen lassen. — Die Dimensionen der »*paridhi*« (Umfang, Kreis) genannten Epicyklen werden in der Weise ausgedrückt, dass nicht der Radius des Epicykels mit dem Radius des tragenden Kreises, sondern die Umfänge der beiden Kreise verglichen werden; die Peripherie des Epicykels der Sonne z. B. wird auf 14° der Sonnenbahn angegeben, verhält sich also zu dieser wie 14 zu 360. Ferner wird angenommen, dass die Epicykel nicht an allen Punkten des tragenden Kreises dieselben Dimensionen haben, sondern sich vom »Ucca« an bis zum Ende des ersten Quadranten stetig verkleinern, von da bis zum Ende des zweiten Quadranten wieder vergrössern, und in der zweiten Hälfte des Kreises durch entsprechende Phasen laufen. Der Text gibt die Dimensionen der Epicykel am Ende der geraden und ungeraden Quadranten an und lehrt, wie ihre Dimensionen für die dazwischen liegenden Punkte zu finden sind. Nachdem so der einer gegebenen Anomalie entsprechende Epicykel bestimmt ist, wird vermittelst einer einfachen Proportionsrechnung der Betrag der entsprechenden Centrumsgleichung gewonnen, und durch dessen Addition oder Subtraction der mittlere Ort des Planeten in den wahren verwandelt. — Für Sonne und Mond genügt ein einziger solcher Process, da sie nur die eine von der Excentricität ihrer Bahnen herrührende Ungleichheit haben; für die Planeten werden je zwei Epicykel angenommen, der erste um die Centrumsgleichung zu erhalten, der zweite um, wie wir es ausdrücken, den heliocentrischen Ort des Planeten in den entsprechenden geocentrischen zu verwandeln. Ein complicirter Process wird gelehrt, um, in der Berechnung des wahren Ortes eines Planeten, den beiden gleichzeitig thätigen Einwirkungen des Mandocca und des Sîghrocca in angemessener Weise Rechnung zu tragen. — Es folgen Regeln, auf analoger Basis ruhend, um die wahre Bewegung der Himmelskörper zu berechnen, und eine Angabe der Umstände, unter denen die Planeten stationär und retrograd werden. Darauf folgt die Regel zur Berechnung der jeweiligen Breite der Planeten, womit die Theorie der wahren Örter und Bewegungen abgeschlossen ist. Weiter gibt das Kapitel eine Anleitung zur Berechnung der Zeit, während derer, im Laufe seines scheinbaren täglichen Umlaufs um die Erde, ein Planet über oder unter dem Horizont ist, und schliesslich Regeln zur Berechnung der Tithis. Es genügt diesem Systeme nicht länger die einfache Einteilung des synodischen Monats in 30 Teile; unter dem Tithi wird nun der Zeitraum verstanden, während dessen, auf Grund der wahren Bewegungen von Sonne und Mond, der Mond seine Entfernung von der Sonne um 12 Grade vergrössert. Dies complicirt natürlich den Kalender in ausserordentlicher Weise. — Das Kapitel enthält ferner (V. 28) die Bestimmung des »Sinus der grössten Declination«, d. h. der Neigung der Ekliptik zum Äquator, welche auf 24° geschätzt wird, und lehrt, wie die Declination eines Himmelskörpers in irgend einem Punkte seines Umlaufs zu finden ist.

Das dritte Kapitel (*tripraśnâdhikâra*) handelt von den »drei Fragen« nach Richtung, Ort und Zeit. Es lehrt zunächst, wie vermittelst eines in der Mitte eines Kreises errichteten Gnomons die Meridianlinie und die östwestliche Linie bestimmt werden, und wie vermittelst der Schatten des Gnomons die Entfernung der auf- und untergehenden Sonne von dem Ost- und Westpunkte des Horizonts zu finden ist; ferner wie vermittelst des äquinoctialen Schattens des Gnomons die Breite einer Lokalität gefunden wird; weiter wie aus der Beobachtung des Mittagsschattens zu irgend welcher Zeit die Zenithdistanz der Sonne und aus dieser und der Declination der Sonne die Breite der Lokalität ermittelt wird, und Ähnliches. Es folgen Regeln, wie aus der gegebenen Declination der Sonne und der Breite der Lokalität die Höhe der Sonne zu finden ist für die Zeitpunkte, wenn sie den südöstlichen oder den südwestlichen Verticalkreis passirt; ferner wie man die Höhe der Sonne zu irgend welcher Tagesstunde berechnet. Eine weitere Regel lehrt, wie aus einer einzigen Schattenbeobachtung die mittlere und die wahre Länge der Sonne gefunden werden können. Es folgen die Regeln zur Bestimmung der Zeit, welche die verschiedenen Zeichen der Ekliptik brauchen, um sich über den Horizont zu erheben, und zwar zuerst auf dem Äquator, dann in irgend einer Lokalität von gegebener Breite. Den Schluss machen Regeln zur Bestimmung der Punkte der Ekliptik, die zu irgend einer Stunde auf dem Horizonte und dem Meridian liegen. — Das Kapitel enthält ebenfalls, an wenig schicklicher Stelle, eine kurze Regel, um den Betrag der Präcession der Äquinoctien für einen gegebenen Zeitpunkt zu finden. Die der Regel zu Grunde liegende theoretische

Ansicht ist, dass das Frühlingsäquinoctium sich abwechselnd 27° nach Westen oder nach Osten von dem Anfang der festen Sphäre wegbewegt und zwar so, dass es in 7200 Jahren zu derselben Stelle zurückkehrt, woraus sich ein jährlicher Betrag der Präcession von 54" ergibt.

Das vierte und fünfte Kapitel handeln von Mond- und Sonnenfinsternissen. Wir können hier nicht auf eine Erörterung der Details eingehen, die nur in ganz ausführlicher Darstellung verständlich sein würden. Wir bemerken nur, dass die Abschätzung des Durchmessers des Mondes auf 480 Yojanas auf der Annahme einer Horizontalparallaxe von 53′ 20″ beruht, und dass die scheinbaren Durchmesser des Mondes und der Sonne in mittlerer Entfernung auf 32′ und 32′ 24″.8 abgeschätzt werden. Die bei Sonnenfinsternissen in Betracht zu ziehenden Parallaxen in Länge und Breite werden richtig definirt, und zu ihrer Berechnung Regeln gegeben, aus denen sich Resultate von wenigstens leidlicher Genauigkeit ergeben. Das sechste Kapitel (*parilekhādhikāra*) handelt von der Projection von Finsternissen.

Das siebente Kapitel handelt von verschiedenen Conjunctionen der Planeten, eine Anwendung früher gegebener Regeln auf Fragen von nur astrologischem Interesse. V. 13 u. 14 enthalten Angaben über die scheinbaren Durchmesser der Planeten.

Das achte Kapitel (*nakṣatragrahayutyadhikāra*) behandelt die — ebenfalls nur astrologisch interessanten — Conjunctionen von Planeten und Fixsternen. Das Kapitel ist aber astronomisch wichtig dadurch, dass es Angaben über die Länge und Breite der wichtigsten Sterne der 28 Nakṣatras macht, und ebenso über die Länge und Breite von einigen wenigen ausserhalb der Sphäre der Nakṣatras liegenden Fixsternen. Die Sphäre wird eingeteilt in 27 gleiche Teile, deren jeder 13° 20′ enthält; diesen 27 Teilen entsprechen aber 28 Sterne oder Constellationen, und auf deren Haupt- oder Conjunctionssterne beziehen sich die Angaben des Textes. Die Aufzählung der Nakṣatras beginnt mit Aśvinī und schliesst mit Revatī, dessen Conjunctionsstern die Länge von 13° 10′ in dem ihm zugehörigen Abschnitte der Ekliptik hat; d. h. der Stern liegt 10′ von dem Punkte der Sphäre entfernt, von dem die Abteilung der Ekliptik ausgeht. In Verbindung mit der Identification der ganzen Reihe der Nakṣatras mit den uns bekannten Fixsternen (eine Identification, die von den früheren Forschern im Gebiete der indischen Astronomie, darunter hauptsächlich Colebrooke, vollzogen wurde) ist der Conjunctionsstern von Revatī als ζ Piscium erkannt worden. Die Länge dieses Sternes ist somit nach dem S. S. 359° 50′; nach den hauptsächlichen anderen Siddhāntas hat er keine Länge, liegt genau am Ausgangspunkte der Sphäre. Und da die Astronomen dieser Periode bei der Berechnung der Präcession der Äquinoctien von eben diesem Punkt als Nullpunkt ausgehen, so hat man geschlossen, dass das ganze astronomische System dieser Periode zu ungefähr der Zeit entstand, als der Stern ζ Piscium mit dem Punkte des Frühlingsäquinoctiums zusammenfiel. Wir werden auf diesen Punkt weiter unten zurückkommen. — Betreffs der Methode der Bestimmung der Länge und Breite von Fixsternen ist zu bemerken, dass der Kreis, dessen Intersektion mit der Ekliptik die Länge bestimmt, nicht von dem Pole der Ekliptik, sondern von dem des Äquators aus gezogen wird, und dass auf eben diesem Kreis die Breite gemessen wird; für diese so bestimmten Längen und Breiten werden am besten, mit Whitney, die Ausdrücke »polare« Länge und Breite verwendet. Auffallend ist die ganz geringe Anzahl der nicht zu den Nakṣatras gehörigen Fixsterne, die in Betracht gezogen werden.

Das neunte Kapitel (*udayāstādhikāra*) gibt eine Theorie der heliakischen Aufgänge und Untergänge der Planeten und Fixsterne, bestimmt unter anderem die Elongationen von der Sonne, die für die verschiedenen Planeten und Sterne nötig sind, damit sie sichtbar werden. — Das zehnte Kapitel (*śṛṅgonnaty-adhikāra*) gibt eine analoge Theorie für den Mond und lehrt, wie der Betrag des erleuchteten Teiles der Mondscheibe und die Lage desselben mit Bezug auf den Horizont bestimmt werden können. — Das elfte Kapitel (*pātādhikāra*) lehrt, wie gewisse relative Lagen von Sonne und Mond, denen ein unheilvoller Einfluss zugeschoben wird, zu berechnen sind; die technischen Namen dieser bösen Aspekte sind *vaidhṛta* und *vyatīpāta*. — Das zwölfte Kapitel (*bhūgolādhyāya*) führt uns von den mehr astrologischen Dingen der vorausgehenden Abschnitte wieder in eine positivere Sphäre zurück. Auf eine mythologische Darstellung der Schöpfung der Welt folgt eine Beschreibung des Weltalls. Die alte Idee vom Ei des Brahman wird beibehalten; statt der früheren flachen Oberfläche der Erde, die das Ei in zwei Hälften teilte, haben wir aber nun eine frei in der Mitte des Eies schwebende Kugel; die Himmelskörper, die früher über der flachen Erde den Meru umkreisten, beschreiben ihre Bahnen nun um die Erdkugel. Der Meru wird beibehalten als ein am Nordpol liegender goldener Berg, auf dem die Götter wohnen; er setzt sich innen durch die ganze Erde fort und kommt am Südpol als ein zweiter Meru zum Vorschein, auf dem die Asuras hausen. Die alten Dvīpas verwandeln sich in die verschiedenen Länder und Inseln, die im Ocean liegen; auf dem Äquator liegen in gleichen Abständen von einander die Städte Laṅkā, Romaka, Siddhapura, Yamakoṭi (von Ost nach West gerechnet). Der Polarstern (*dhruva*) steht senkrecht über dem nördlichen Meru, ein analoger Südpolarstern über dem südlichen Meru. Die Höllenregionen (*pātāla*) liegen im Innern der Erdkugel. Die Verschiedenheit der Länge der Tage und Nächte in verschiedenen Lokalitäten der Erde und zu den verschiedenen Jahreszeiten wird mit grosser Klarheit auseinandergesetzt. Weiterhin werden der indischen Astronomie eigentümliche Angaben gemacht über die absoluten Masse der Bahnen der verschiedenen Himmelskörper, in Yojanas berechnet. Die ganze Berechnung fusst auf der oben erwähnten Bestimmung der Horizontal-Parallaxe des Mondes, aus der, in Verbindung mit der Bestimmung des Radius der Erde, 324000 Yojanas als der Umfang der Mondbahn erschlossen werden, und bedient sich dann der weiteren ganz willkürlichen Annahme, dass die mittlere Geschwindigkeit aller Himmelskörper dieselbe ist, und dass daher aus ihrer anscheinenden mittleren Geschwindigkeit ihre Entfernungen von der Erde und der Umfang ihrer Bahnen gefolgert werden können. Die Bestimmungen sind daher, mit Ausnahme derjenigen der Mondbahn, ganz wertlos.

Das dreizehnte Kapitel (*jyotiṣopaniṣadadhyāya*, das Kapitel von der Geheimlehre der Astronomie) beschreibt eine Armillarsphäre, bestimmt zur Veranschaulichung der Lage und Bewegung der Himmelskörper, und erwähnt ferner, ohne sich in genauere Beschreibungen einzulassen, eine Anzahl von Instrumenten für astronomische Beobachtungen, darunter den Gnomon (*śaṅku*) und die zur Zeitmessung bestimmte Kupferschale mit einem Loche, die, auf Wasser gesetzt, sich im Laufe einer Nāḍikā (= $^1/_{60}$ der Tagnacht) anfüllt und untersinkt. — Das vierzehnte Kapitel (*mānādhyāya*) enthält Angaben über die verschiedenen Weisen, nach denen Zeit bemessen wird (solar, lunar etc.).

Das Obige ist eine kurze Übersicht des Inhalts des S. S. in der Form, in welcher das Werk auf die heutige Zeit gekommen ist und seit Jahrhunderten als das autoritative Werk in astronomischen Dingen gegolten hat. Das Werk in seiner ursprünglichen Form war jedoch von der erhaltenen Form in mehreren nicht unwesentlichen Einzelheiten verschieden, wie wir nun aus der Pañcasiddhāntikā des Vahāra-Mihira wissen. Dies letztere Werk gibt uns freilich keinen Abriss des ganzen S. S., sondern nur eine condensirte Darstellung der Regeln, die für gewisse astronomische Berechnungen, besonders die der Mond- und Sonnenfinsternisse, erforderlich sind; und diese Regeln sind noch nicht alle vollständig erklärt. Was sich mit Sicherheit erkennen lässt, ist der Unterschied der beiden Werke betreffs wichtiger numerischer Elemente. Nach dem alten S. S. war die Länge des siderischen Jahres 365ᵗ 6ˢᵗ 12′ 36″; und die Zahlen der Umläufe der Planeten sowie des Apogäums und des Knotens des Mondes im alten Werke weichen alle einigermassen von den entsprechenden Zahlen des neuen Werkes ab. Die Methoden der Berechnung sind im allgemeinen dieselben; doch fehlt unter anderem im alten S. S. die Lehre vom wechselnden Umfange der Epicyklen je nach dem Betrage der Anomalie. Genauere Belehrung über den alten S. S. lässt sich aus einer gründlichen Durcharbeitung von Brahmaguptas Khaṇḍakhādyaka erwarten, da dasjenige Werk Āryabhaṭas, dessen Elemente dem Kh. Kh. zu grunde liegen, sich offenbar durchgängig an den S. S. in seiner alten Gestalt anschloss. Bei einer Betrachtung des allgemeinen Charakters der indischen Astronomie dieser Periode mögen wir uns einstweilen an den späteren S. S. halten.

Der S. S. ist mehrfach in Indien herausgegeben worden; die beste Ausgabe ist die von Fitz-Edward Hall und Bāpu Deva Śāstrin in der Bibl. Indica veröffentlichte. Bāpu Deva Śāstrin gab ebenda eine englische Übersetzung des S. S. heraus. Die unter § 22 erwähnte viel wichtigere Übersetzung Burgess-Whitneys wurde im 6. Bande des Journal of the American Oriental Society publicirt. — Vgl. ferner den betreffenden Abschnitt in ŚBD., bei dem sich auch vollständige Angaben über die Commentare zum S. S. finden. — Über das Verhältnis der älteren Form des S. S. zum überlieferten Text vgl. die Einleitung zur Pañcasiddhāntikā, s. § 34, Anm.; S. B. Dīkṣit in seinem historischen Werke und in seinem Aufsatze: The original Sūrya-Siddhānta, Ind. Ant. XIX; M. P. Kharegat, On the Interpretation of certain Passages in the P. S. of Varāha-Mihira (Journal Asiatic Society of Bombay *1896*).

§ 25. Dritte Periode. — Charakteristik des Sūrya-Siddhānta. — Es ist von Interesse, einige der Züge hervorzuheben, die einem Werke wie dem S. S. — welcher doch im ganzen offenbar dasselbe lehrt wie die griechische Astronomie — seinen eigentümlich indischen Charakter geben. Obenan steht hier die Anwendung von ungeheueren Zeitperioden. Ein Werk wie das Jyotiṣa-Vedāṅga, das sich nur mit Sonne und Mond befasste und von der Dauer des Umlaufs der beiden nur höchst ungenaue Begriffe hatte, konnte sich mit einer cyklischen Periode von fünf Jahren behelfen. Für die, welche die Länge von Jupiters Umlauf auf 12 Jahre schätzten und diese Periode mit dem fünfjährigen Yuga combiniren wollten, genügte die 60jährige Periode. Ein Werk, das wie der Romaka-Siddhānta (über welchen weiter unten) die annähernd genauen griechischen Kenntnisse von der Länge des Jahres und des synodischen Monats hatte, ohne darauf auszugehen, die Bewegungen von Sonne und Mond mit denen der Planeten zu combiniren, konnte noch mit einer Periode von 2850 Jahren auskommen. Nun brauchte aber der Verfasser des S. S. eine Periode, die erstens lang genug war, um, selbst aus ganzen Tagen bestehend, ganze Zahlen von den Umläufen aller Himmelskörper zu umfassen, und die zweitens die Autorität der indischen Überlieferung für sich hatte. Welcher Wert in orthodoxen Kreisen auf den letzteren Punkt gelegt wurde, erhellt aus einer kritischen Bemerkung Brahmaguptas, wonach der Romaka-Siddhānta ausserhalb der Smṛti steht, weil er von den in derselben gelehrten grossen Zeitperioden keinen Gebrauch macht. Als solche Perioden boten sich nun dar das Mahāyuga der Purāṇas mit seinen 4320000 Jahren und das noch viel längere Kalpa, die nun so zum ersten Male eine praktische Bedeutung gewannen und aufhörten, bloss müssige Spekulationen einer im Gedanken der Unendlichkeit der Zeit schwelgenden Phantasie zu sein. Vermittelst ganz geringer

Abänderungen der genauen Bestimmungen der Länge der Planetenumläufe — die wir als von den Griechen entlehnt ansehen — liess es sich annehmen, dass in so enormen Perioden alle Himmelskörper eine Anzahl von ganzen Umläufen vollendeten. Das Mahāyuga ist daher in keiner Weise als so construirt zu denken (wie Biot einmal annimmt), dass etwa auf der Basis eines feststehenden Wertes der Länge des Jahres eine Periode construirt wurde, in die das feststehende Jahr so und so viel mal ohne Rest aufging (dies war allerdings die Procedur des Ro. Si., der aber dadurch zu einer Periode kam, welche keine traditionelle Autorität besass); sondern umgekehrt war das feststehende Element die Länge der traditionellen Periode in Jahren, und die Länge des Jahres das Element, welches modificirt werden konnte. Diese Modification brauchte allerdings keine bedeutende zu sein, da die Tradition entweder nicht vorschrieb, aus wie viel ganzen Tagen das Yuga bestehen sollte, oder man sich in dieser Beziehung nicht an die Tradition gebunden glaubte. War andrerseits die Zahl der Tage des Yuga einmal festgesetzt, so hatten notwendig die Längen der Umläufe aller anderen Himmelskörper mehr oder weniger bedeutende Änderungen zu erleiden, um sie dem Yuga einzupassen. — Als eine weitere specifisch indische Idee ist zu erwähnen die Weise, wie — im zweiten Kapitel des S. S. — die Apogäen, Conjunctionen (*śīghra*) und Knoten der Bahnen der Himmelskörper als persönliche Wesen dargestellt werden, die auf die mittleren Bewegungen einen störenden Einfluss ausüben. Diese Personification ist wahrscheinlich dem Umstande zuzuschreiben, dass von Alters her der Mondknoten als ein den Lauf des Mondes störender Dämon aufgefasst worden war; und die Seile, vermittelst derer die personificirten Apogäen etc. die Planeten an sich ziehen, finden ihr Vorbild in den unsichtbaren Seilen, die in den Purāṇen die Himmelskörper mit dem Polarstern verknüpfen. — Ebenso ist der am Nordpol liegende Meru des S. S. eine Aneignung und Modificirung des nach den Purāṇen im Centrum der flachen Erde liegenden Götterberges. So werden auch wohl die Lehren des elften Kapitels über die Ausdehnung der Bahnen der Himmelskörper in Yojanas auf ein älteres Vorbild zurückzuführen sein, nämlich die Angaben, welche die Purāṇen und die Bücher der Jainas über den, ebenfalls in Yojanas bemessenen, Umfang der Kreise machen, welche Sonne und Mond um den Berg Meru beschreiben. Weitere aus der traditionellen Astronomie stammende Elemente sind die Unterscheidung der verschiedenen Arten planetarischer Bewegungen im zweiten Kapitel, die Grundbegriffe über die Conjunctionen der Planeten mit den Nakṣatras und Ähnliches mehr. Im ganzen lässt sich sagen, dass der Verfasser des S. S. darauf ausging, von den alten Anschauungen so viel beizubehalten, als sich mit den neueren Lehren vereinigen liess, die letzteren so weit als möglich den alten Methoden und Rechnungsweisen anzupassen und nur so viel Neues zuzulassen, als zur Berechnung solcher Stellungen und Aspekte der Himmelskörper nötig war, die schon von Alters her Interesse erregt hatten.

§ 26. Dritte Periode. — Vāsiṣṭha-Siddhānta und Vākyam. — In Bezug auf die anderen Siddhāntas, welche in der Pañcasiddhāntikā dargestellt werden, sind wir weniger gut situirt als im Falle des S. S.; denn während uns letzterer — wenn schon in modificirter Gestalt — vollständig vorliegt, so dass wir die Angaben der P. S. gewissermassen kontrolliren und durch ein uns bekanntes System erklären können, wissen wir über den Vāsiṣṭha-, den Pauliśa- und den Romaka-Siddhānta eigentlich nur durch Varāha-Mihira, und dazu sind die Angaben desselben — teils wegen der sehr corrupten Gestalt der Handschriften, teils wegen der inneren Schwierigkeiten — noch keineswegs genügend und vollständig erklärt. Immerhin ist, was wir aus ihnen entnehmen können, von grossem Interesse. Der Vāsiṣṭha-Siddhānta, den V. M.

in seinem 2. Kapitel behandelt, scheint eine eigentümliche Übergangsstellung eingenommen zu haben. V.M. selbst bezeichnet ihn und den Paitāmaha als *»dūra-vibhraṣṭau«*. Die zwei Werke stehen jedoch durchaus nicht auf gleicher Stufe. Der Pait. Si. ist schon oben characterisirt worden. Der Vā. Si. ist insofern viel weiter vorgeschritten, als er weit genauere und ausgedehntere Kenntnisse über die mittleren Umläufe der Himmelskörper hat und ausserdem wahre Bewegungen von mittleren unterscheidet und zu berechnen lehrt. Andrerseits aber steht er in seinen Ansichten über die Natur der wahren Bewegungen weit hinter dem S. S. und ähnlichen Werken zurück. Der erste Vers des zweiten Kapitels der P. S. scheint eine Angabe der Länge der zwölf Monate zu enthalten, wonach die Länge des ganzen Jahres 365¼ Tag betragen würde. Es folgen darauf Regeln zur Berechnung der Örter und Bewegungen des Mondes, aus denen erhellt, dass eine gewisse in Südindien bis heute gebräuchliche astronomische Rechnungsmethode — welche von der der meist bekannten Werke, wie z. B. des S. S., nicht unbedeutend abweicht — älter ist, als man bisher anzunehmen berechtigt war. Es ist das der zuerst von Le Gentil und später von Bailly, Warren und Hoisington beschriebene sog. Vākyam-Process, welcher bis zur heutigen Zeit in all den Teilen Südindiens angewendet wird, in denen die tamulische Sprache vorherrscht. Das Charakteristische dieses Verfahrens ist, dass es darauf ausgeht, die wahren Örter der Himmelskörper zu bestimmen, ohne vorher die mittleren Örter gefunden zu haben. Während der S. S. z. B. für ein bestimmtes Datum den Ort des Mondes in der Weise berechnet, dass zuerst vermittelst Proportion aus dem Ahargaṇa der mittlere Ort berechnet wird, darauf der Ort des Apogäums des Mondes und dann vermittelst einer trigonometrischen Regel der Betrag der Centrumsgleichung, durch deren Addition oder Subtraction der mittlere Ort in den wahren verwandelt wird, berechnet die Vākyam-Methode direkt, wieviel anomalistische Revolutionen der Mond innerhalb des gegebenen Ahargaṇa durchlaufen hat, und nimmt dann aus einer fertig berechneten Tafel den Betrag der Gleichung, welcher dem Rest von Tagen entspricht, der vom Ahargaṇa nach Abzug der vollendeten anomalistischen Umläufe übrig bleibt. Um diese Berechnung zu erleichtern, werden Perioden von Tagen gebildet, die eine Anzahl von ganzen anomalistischen Umläufen enthalten und die daher sofort vom Ahargaṇa abgezogen werden können. Die kleinste dieser Perioden — Devaram genannt — besteht aus 248 Tagen, welche 9 anomalistischen Umläufen gleichgesetzt werden; die nächst grössere Periode — Calanilam — umfasst 3031 Tage = 110 Umläufe; zwei weitere Perioden enthalten je 12372 und 1600984 Tage und entsprechende Zahlen von Umläufen. Ein gegebener Ahargaṇa wird, je nach seiner Grösse, mit einer dieser Perioden geteilt, der Rest mit der nächst kleineren u. s. w.; der bei der Teilung mit 248 übrig bleibende Rest — der die verflossenen Tage des laufenden anomalistischen Umlaufs ausdrückt — wird in der oben angegebenen Weise behandelt. Um die bequeme Berechnung des mittleren Ortes des Mondes zu ermöglichen, wird angegeben, wie weit sein mittlerer Ort am Ende jeder der oben detaillirten Perioden liegt; wenn man die Längen dieser Örter zusammenzählt und schliesslich aus einer Tafel die mittlere Bewegung des Mondes nimmt, die dem oben erwähnten Rest entspricht, so hat man den mittleren Ort des Mondes für das gegebene Datum. Was diese Methode charakterisirt, ist die eigentümliche Rechnungsweise; die astronomischen Elemente, die dabei benutzt werden, können natürlich verschiedener Art sein; die nach Warren und anderen thatsächlich in Südindien angewandten sind dem Ārya-Siddhānta entnommen.

Das 2. Kapitel der P. S. lehrt nun, wie zur Berechnung des Ortes des

Mondes zwei Perioden anzuwenden sind, eine — *ghana* genannt —, die 3031 Tage umfasst, und eine — deren Name *gati* ist —, welche aus $\frac{248}{9}$ Tagen besteht und daher einen anomalistischen Umlauf darstellt. Und es wird ferner angegeben, auf wie viel sich der Betrag der mittleren siderischen Bewegung des Mondes während jeder dieser Perioden beläuft. Und weiter wird gezeigt, wie für die durch den Rest dargestellten Tage des laufenden anomalistischen Umlaufs die wahre Bewegung zu ermitteln ist, und zwar auf Grund der Annahme, dass die Schnelligkeit des Mondes während eines anomalistischen Umlaufs um einen gleichen täglichen Betrag zu- oder abnimmt, eine besonders interessante Ansicht, welche den Vā. Si. als bedeutend primitiver kennzeichnet als die bekannten Siddhāntas. Dasselbe Kapitel enthält eine Regel zur Berechnung der Länge des Tages, die auf der Annahme beruht, dass die Tage um gleiche Quantitäten zu- und abnehmen; und weiterhin Regeln, um die mittlere Länge der Sonne aus dem Schatten des Gnomon zu finden, und umgekehrt; und um aus der Länge des Schattens den Lagna, d. h. den um die gegebene Zeit im Ostpunkt befindlichen Teil der Ekliptik zu bestimmen, und umgekehrt. Auch diese Regeln sind durchaus primitiver Art. Es erscheint weiterhin wahrscheinlich, dass die im ersten Abschnitt des 18. Kapitels enthaltenen Regeln über die Bewegung der fünf Planeten ebenfalls dem Vā. Si. entnommen sind; und auch diese Regeln sind von viel primitiverer Natur als die entsprechenden des S. S.; soviel lässt sich nämlich mit Sicherheit sagen, obwohl die Details meist noch nicht erklärt sind. Die Methoden der Berechnung haben einige Analogieen mit den oben beschriebenen, nach denen der Mondlauf berechnet wird; und bemerkenswert ist die Hervorhebung der synodischen Umläufe, die freilich die auffälligsten Phänomene in den planetarischen Bewegungen hervorrufen, aber im S. S. und ähnlichen Werken ganz hinter die siderischen Bewegungen zurücktreten.

Über den Vā. Si. vgl. die Einleitung zur P. S., s. § 34, Anm., ŚBD. und die zu § 24 genannte Abhandlung Kharegats. — Der südindische Vākyam-Process findet sich beschrieben in Warrens Kālasaṃkalita, Baillys Astronomie Indienne und in Hoisingtons Oriental Astronomer.

Ein Laghu-Vasiṣṭha-Siddhānta (1881 in Benares von Paṇḍit Vindhyesvari Prasad Dube herausgegeben) ist ein späteres Produkt ohne Bedeutung und mit dem alten Vā. Si. in keiner Weise verknüpft. Über Teile eines anderen, ebenfalls vom alten Siddhānta abweichenden, Vasiṣṭha-Siddhānta s. ŚBD. pp. 171. 187.

§ 27. Dritte Periode. — Pauliśa-Siddhānta. — Ein Pauliśa-Siddhānta war schon seit längerer Zeit aus den bei Bhaṭṭotpala erhaltenen bedeutenden Citaten und der häufigen Bezugnahme Brahmaguptas auf ihn bekannt. Bhaṭṭotpala enthält einen längeren Passus, der Auskunft über die Beschaffenheit des Yuga und die mittleren Bewegungen der Planeten gibt. Das grosse Yuga enthält demnach 1 577 917 800 Tage, so dass sich die Länge des Jahres auf $365^t\ 6^{st}\ 12'\ 36''$ stellt. Die Angaben über die Umläufe der Planeten stimmen im ganzen mit denen des älteren S. S. und Āryabhaṭas überein (worüber die Details bei Colebrooke und ŚBD. nachzusehen sind). Während das Metrum des erwähnten Passus Āryā ist, findet sich bei Bhaṭṭotpala ferner ein in Anuṣṭubh abgefasstes Citat aus einem »Mūla-Puliśasiddhānta«, welches die Umdrehungen der Sphäre in einem grossen Yuga in Übereinstimmung mit dem erwähnten Āryā-Passus auf 1 582 237 800 angibt, woraus dieselbe Jahreslänge folgt wie oben.

Von den zwei demnach, wie es scheint, dem Bhaṭṭotpala vorliegenden Pauliśa-Siddhāntas war aber der ursprüngliche Siddhānta, mit welchem uns die Pañcasiddhāntikā bekannt macht, durchaus verschieden. Leider sind bedeutende Teile des von V.M. dem Pau. Si. gewidmeten Kapitels noch nicht erklärt; immerhin aber lässt sich soviel sagen, dass, verglichen mit dem S. S., der Pau. Si. ein primitives Werk war, in einigen Hinsichten dem Vāsiṣṭha-Siddhānta nahe stehend. Die Länge des Jahres wird auf 365ᵗ 6ˢᵗ 12ᵐ angenommen. Der Ahargaṇa wird in der gewöhnlichen Weise vermittelst Tithis und Kṣayāhas berechnet, doch anscheinend durch möglichst reducirte Perioden; doch ist es nicht ganz leicht zu bestimmen, wie weit der von V.M. im ersten Kapitel detaillirte Rechnungsmechanismus sich in eben der Form schon im Pau. Si. vorfand. Ob der Pau. Si. das Yugasystem anerkannte, ist schwer zu sagen, doch nach der P.S. kaum wahrscheinlich. Anstatt einer allgemeinen Regel für die Berechnung der wahren Bewegungen der Sonne gibt der Pau. Si. nur den Betrag der Centrumsgleichung von je 30 zu 30 Graden der Anomalie; der Wert der grössten Gleichung scheint bedeutend grösser zu sein als der sonst in der indischen Astronomie angewandte. Betreffs der Theorie des Mondes scheint dieser Si., in Übereinstimmung mit dem Vāsiṣṭha, eine gleiche tägliche Zu- und Abnahme der wahren Bewegung gelehrt zu haben. Die Regeln zur Berechnung der Mond- und Sonnenfinsternisse sind von sehr primitiver Natur, weniger genau als die in irgend einem der anderen uns bekannten Siddhāntas. Das letzte Kapitel der P. S. enthält in seinem zweiten Teil Angaben über die Umläufe der Planeten, die nach dem Colophon dem Pau.-Siddhānta entstammen. Die siderischen Umläufe werden darin gar nicht berücksichtigt, sondern nur die synodischen; und die Tage, in denen die Umläufe ausgedrückt werden, sind sog. Saura-Tage, d. i. solare Tage im indischen Sinne des Wortes, von denen 360 ein Sonnenjahr ausmachen. Es wird ferner der synodische Umlauf eines jeden Planeten in eine Anzahl von Teilen zerlegt und angegeben, wieviel Grade der Planet während jedes Teiles zurücklegt. Von einem Teil des in der P. S. gegebenen Materials lässt sich nicht bestimmen, ob es dem Pau. Si. oder dem S. S. entnommen ist.

Der Name »Pauliśa«, aus dem ein »Puliśa« als Verfasser des Siddhānta erschlossen zu sein scheint, hat ein entschieden unindisches Ansehen; und Albērūnī (dem der ursprüngliche Siddhānta nicht vorlag) leitet die Lehre des Siddhānta auf einen Griechen Namens Paulus zurück. Dass das Werk mit dem Paulus Alexandrinus in Verbindung stehen sollte, welcher als Verfasser eines uns erhaltenen astrologischen Handbuches bekannt ist, lässt sich nicht erweisen; und es ist ausserdem wenig wahrscheinlich, da die verschiedenen Pauliśa-Siddhāntas, von denen wir wissen, sich durchaus auf astronomische Dinge beschränkt zu haben scheinen.

Über den Pau. Si. vgl. die zu Anfang der letzten Note genannten Quellen. Auf den späteren, dem Brahmagupta vorliegenden Pau. Si. nimmt Colebrooke in seinen von indischer Astronomie handelnden Essays vielfach Bezug; derselbe Siddhānta diente dem Albērūnī als eine seiner hauptsächlichsten Quellen.

§ 28. Dritte Periode. — Romaka-Siddhānta. — Der von V.M. behandelte Romaka-Siddhānta ist zu unterscheiden von einer Überarbeitung des ursprünglichen Werkes durch Śrīṣeṇa, von welchem später die Rede sein wird. Der Ro. Si. — dessen Name schon auf den Westen hinzuweisen scheint, denn er wird schwerlich ausser Zusammenhang mit »Rom« zu setzen sein — ist besonders interessant dadurch, dass er von allen uns bekannten indischen astronomischen Werken die unzweideutigsten Spuren griechischen Einflusses zeigt. Er bedient sich nämlich eines Yuga von 2850, d. s. 150 × 19, solaren Jahren, dem er die Anzahl von 1040953 Tagen zuschreibt. Es erhellt daraus, dass die Länge des Jahres auf 365ᵗ 5ˢᵗ 55′ 12″ angesetzt ist, und dies ist ganz genau die Bestimmung, welche Hipparch von der Länge des tropischen Jahres gab und Ptolemäus von ihm recipirte. Der Verfasser des Ro. Si. bequemt sich daher insofern dem indischen Gebrauche an, als er ein aus ganzen Tagen bestehendes Yuga annimmt, vermittelst dessen der Ahargaṇa in der gewöhnlichen Weise berechnet werden kann, emancipirt sich aber zugleich von den grossen traditionellen Perioden, die sonst angewendet werden. Kein anderes indisches Werk bedient sich ferner des tropischen Jahres. Die Regel, welche V.M. nach dem Ro. Si. zur Berechnung des Ahargaṇa aufstellt, gibt Resultate für den Meridian von Yavanapura, nicht für den von Ujjayinī. Die Länge des Sonnen-Apogäums wird auf 75° angegeben. Die Centrumsgleichungen der Sonne werden für 15 zu 15° der Anomalie angegeben; die grösste Gleichung ist nahezu identisch mit der von Hipparch und Ptolemäus angenommenen, während der gewöhnliche indische Wert erheblich geringer ist als der der griechischen Astronomen. Eine allgemeine Regel zur Berechnung der Centrumsgleichungen fehlt, für Sonne sowohl als Mond. Die grösste Centrumsgleichung des Mondes wird auf 4° 56′ angegeben. Die Regeln zur Berechnung von Eklipsen sind von dem allgemeinen indischen Charakter, doch weniger genau als die des Sūrya-Siddhānta. Der Ro. Si. scheint sich auf die Bewegungen der Sonne und des Mondes beschränkt zu haben; wenigstens enthält die P. S. keine Angaben über die Planeten nach diesem Siddhānta. Das Werk scheint im ganzen genauere Regeln gegeben zu haben als der Pauliśa-Siddhānta, dagegen dem S. S. nachgestanden zu haben. V.M. nennt den S. S. »spaṣṭatara« als die beiden anderen Siddhāntas.

Über den Ro. Si. vgl. die zu Anfang von Note § 26 genannten Quellen.

§ 29. Dritte Periode. — Die Frage der Entlehnung von den Griechen. — Die obige Übersicht über das in den grundlegenden Siddhāntas Gelehrte ermöglicht es nun, der Frage näher zu treten, auf welchen Fundamenten ihr System sich aufgebaut hat. Wir halten uns hier zunächst an den S. S., der die Lehre dieser Periode in ihrer höchst entwickelten Form darstellt.

Dass ein System von dem wesentlichen Inhalte des S. S. im ganzen auf derselben Stufe steht, wie die griechische Astronomie, die uns aus dem grossen Werke des Ptolemäus bekannt ist, leuchtet sofort ein. Wenn wir von den speciell indischen Anschauungen und Rechnungsmethoden absehen und unsere Aufmerksamkeit auf den dann übrig bleibenden Kern von astronomischer Einsicht und Kenntnis richten, so finden wir, dass ein mit den Regeln des S. S. operirender Rechner im ganzen kaum weniger leisten kann, als ein nach den Grundsätzen der Syntaxis verfahrender Astronom. Und zwar erstreckt sich diese Übereinstimmung nicht nur über den eigentlichen Fond des astronomischen Wissens, sondern auch über Methoden, die durchaus nicht selbstverständlich sind. In diesem Zusammenhang ist besonders darauf zu verweisen, dass die Ungleichheiten in der Bewegung der Himmelskörper vermittelst der Annahme von Epicyklen und, wie wir hier gleich beifügen können, von excentrischen Kreisen berechnet werden; denn diese, obwohl im S. S. nicht angewendet, sind anderen Werken dieser Periode wohlbekannt. Es drängt sich uns daher sofort die Frage auf, ob nicht zwischen den beiden Systemen ein historischer Zusammenhang besteht. Dass zwei Nationen ganz unabhängig von einander eine wesentlich gleiche Stufe astronomischen Wissens erreicht haben und noch dazu auf Ansichten und Rechnungsmethoden gekommen sein sollten, die keineswegs als unvermeidlich bezeichnet werden können, ist freilich nicht absolut unmöglich, aber jedenfalls nicht sonderlich wahrscheinlich; und es wäre sicherlich die befriedigendere Erklärung der Ähnlichkeit der beiden Systeme, wenn sich nachweisen liesse, dass das eine von dem anderen historisch abhängig ist. Wir wollen kurz die beiden sich hier ergebenden Alternativen ins Auge fassen und weiterhin die, natürlich nicht ganz auszuschliessende, Möglichkeit einer unabhängigen Entwicklung auf beiden Seiten in Betracht ziehen.

Sollte die griechische Astronomie von Indien aus beeinflusst worden sein? — Abgesehen von dem später zu erwähnenden vermutlichen Alter der indischen Systeme, welches dies unwahrscheinlich macht, ist zu bemerken, dass die uns wenigstens in ihren Umrissen bekannte Entwicklungsgeschichte der griechischen Astronomie zu der Annahme indischer Einwirkung durchaus keinen Anlass giebt. Wir kennen die allmählich auf griechischem Boden gemachten Fortschritte, die schliesslich zu dem Werk des Ptolemäus führten, und können daher begreifen, wie dieser sein grosses System aufzubauen im Stande war. Wir besitzen, was besonders hervorzuheben ist, genaue Nachrichten über eine Reihe von astronomischen Beobachtungen, die den griechischen Theorieen zu Grunde lagen. Wir kennen die grossartige Entwicklung der griechischen Mathematik, besonders der Geometrie, die mit der Entwicklung der Astronomie in genauem Zusammenhange steht. Und dazu kommt, dass die in dieser Hinsicht völlig unbefangenen und aufrichtigen Griechen vielfach auf die chaldäische Astronomie als Quelle der Belehrung hinweisen, während der indischen Astronomie nirgends Erwähnung geschieht. — Sollte also die indische Astronomie von den Griechen entlehnt oder wenigstens beeinflusst sein? — Die Inder selbst lehnen dies ab, wenigstens soweit es sich um die Grundzüge ihres Systems handelt. Der S. S. selbst gibt sich, in den einleitenden Versen, für eine göttliche Offenbarung aus, die vor Millionen von Jahren gemacht worden sei; und alle späteren astronomischen Schriftsteller, mögen sie dem S. S. oder anderen Autoritäten folgen, hegen keinen Zweifel an dem enormen Alter und dem völlig nationalen Charakter ihres astronomischen Systems. Der Gedanke einer allmählichen Entwicklung des Systems ist somit den Indern ganz fremd, und die Abwesenheit irgend welcher Evidenz für eine solche Entwicklung macht ihnen daher keine Sorgen. Der moderne Forscher andrerseits, der mit dem Charakter derjenigen indischen astronomischen Kenntnisse vertraut ist, die wir oben unter der zweiten Periode dargestellt haben, und sich dann einer Gruppe von Werken gegenüber sieht, die wie der S. S. ein unendlich weiter vorgeschrittenes Wissen repräsentieren, wird natürlich nach den Bedingungen fragen, unter denen sich das Vollkommenere aus dem Unvollkommeneren entwickelt hat; und, wenn solche Bedingungen zu fehlen scheinen, wird er geneigt sein, anzunehmen, dass es sich hier nicht um eine stetige innere Entwicklung handelt wie die auf griechischem Boden, sondern um eine plötzliche Erweiterung des Wissens durch fremde Einflüsse. Ein solcher Einfluss könnte nun kaum von irgend anderswo als von Griechenland gekommen sein — insofern wir nämlich das völlig entwickelte indische System ins Auge fassen, wie es uns im S. S. vorliegt —; und der sich natürlich darbietende Schluss ist daher, dass die Inder ebenso wie die Völker des westlichen Asiens und alle modernen Nationen bei den Griechen in die Schule gegangen sind.

Dazu kommt nun der bezeichnende Umstand, dass das Bestehen einer bedeutend entwickelten griechischen Astronomie von gewissen indischen Autoren selbst anerkannt wird, und dass sich ferner in indischen astronomischen und astrologischen Werken technische Ausdrücke vorfinden, die ganz unzweideutig griechischen Ursprunges sind. In ersterer Beziehung ist auf den schon erwähnten Passus aus Garga hinzuweisen (erhalten bei Varāha-Mihira), welcher sagt, dass »obschon Mlecchas, die Yavanas (Griechen), bei denen diese Wissenschaft (Astronomie) sich wohl gegründet vorfindet, geehrt werden, als wären sie Ṛṣis«. Es ist weiter bemerkenswert, dass in den einleitenden Versen des uns vorliegenden S. S. die Wissenschaft der Astronomie als eine von Sūrya dem Asura Maya in der Romaka-Stadt gemachte Offenbarung bezeichnet wird; hier bleibt die Erwähnung von Romaka merkwürdig, auch wenn wir nicht geneigt sein sollten, mit A. WEBER anzunehmen, dass unter dem »Asura Maya« der Name des Astronomen Ptolemäus verborgen sei — eine Hypothese, die sich darauf gründet, dass in den Aśoka-Inschriften der Name eines Gliedes des ägyptisch-griechischen Herrschergeschlechts der Ptolemäer in der Form »Turamaya« erscheint. Im S. S. selbst finden sich schon einige Wörter, die unzweifelhaft griechischen Ursprungs sind, darunter als das wichtigste »*kendra*«, womit die Entfernung des mittleren Planeten von der Apsis, die mittlere Anomalie, bezeichnet wird; dieser Ausdruck geht unzweifelhaft auf κέντρον zurück, da der mittlere Ort des Planeten zusammenfällt mit dem Orte des Centrums des Epicykels. Es ist zu beachten, dass hier ein unzweifelhaft griechisches Wort in Verbindung mit einem der Processe erscheint, welche, was wir wissenschaftliche Astronomie nennen dürfen, von primitiver Astronomie unterscheiden, nämlich dem Process der Bestimmung der wahren Anomalie auf Grund der mittleren. Eine grosse Anzahl griechischer Termini findet sich weiterhin in den Schriften des im 6. Jahrhundert lebenden Varāha-Mihira, darunter die griechischen Namen der Zeichen des Zodiaks und der Planeten und viele astrologische Bezeichnungen. Es ist ferner hier an den schon erwähnten Umstand zu erinnern, dass V. M. mit dem Längenunterschied von Ujjain und Yavanapura, d. h. Alexandria, bekannt war. — Auf Grund all dieser äusseren Indicien, in Vereinigung mit den oben erwähnten inneren Wahrscheinlichkeitsgründen, hat sich daher schon seit längerer Zeit die Mehrzahl der competenten Forscher dafür entschieden, dass die wissenschaftliche Astronomie der Inder als ein Ableger griechischer Wissenschaft zu betrachten sei.

Um diesen Schluss als völlig gerechtfertigt erscheinen zu lassen, müssen jedoch mehrere Punkte einzeln erörtert werden. Die erste Frage ist, welcher Zeit die grundlegenden Werke der indischen wissenschaftlichen Astronomie angehören, und ob sie nicht etwa früher anzusetzen sind als die wissenschaftliche griechische Astronomie. Der S. S. enthält keine Angabe über die Zeit seiner Entstehung (wir sehen hier natürlich ab von der einleitenden Behauptung eines fabelhaften Alters des Werkes). Als äussere Evidenz haben wir aber die wichtige Thatsache, dass der S. S. dem unzweifelhaft im 6. Jahrhundert der christlichen Ära lebenden Varāha-Mihira vorlag, zugleich mit vier anderen Siddhāntas, und dass diese Werke damals bereits eine autoritative Stellung hatten, die es wahrscheinlich macht, dass sie geraume Zeit vor V. M. entstanden sind. V. M. erwähnt ferner eine Anzahl individueller Astronomen, die sich schon vor ihm mit diesen Siddhāntas beschäftigt hatten. Einer von diesen Astronomen war Āryabhaṭa, von dem wir ein nach seiner eigenen Angabe im Jahre Śaka 421 verfasstes Werk besitzen. Diese Thatsachen machen es wahrscheinlich, dass der S. S. und einige andere Siddhāntas wenigstens einige hundert Jahre vor 500 A. D. anzusetzen sind; dass mehr als zwei bis drei Jahrhunderte nötig wären, liesse sich behaupten aber auch bestreiten. Sehen wir uns nach innerer Evidenz um, so haben wir zunächst die oben erwähnte Thatsache, dass in den Angaben über die Längen der Nakṣatras der Stern ζ Piscium als ganz dicht bei dem Punkte liegend bezeichnet wird, von dem aus die Werke dieser Periode allgemein die Präcession der Äquinoctien berechnen. Dieser Stern lag nun im Punkte des Frühlingsäquinoctiums um 570 A. D., und es ist daher gewöhnlich angenommen worden, dass dies so ungefähr die Zeit sei, um welche das moderne System der indischen Astronomie eine feste Gestalt angenommen habe. Dieser Schluss ist aber erstens mit der oben erwähnten Evidenz im Widerspruch und ist zweitens an sich selbst nicht berechtigt. Den älteren Werken dieser Periode war die Thatsache der Präcession anscheinend unbekannt; die darauf bezügliche Stelle im modernen S. S. scheint später eingeschoben zu sein; V. M. in der Pañcasiddhāntikā thut ihrer nirgends Erwähnung. Es wurde daher wahrscheinlich im Anfange gar keine Unterscheidung zwischen dem siderischen und dem tropischen Jahre gemacht, und der Punkt der Sphäre, an dem das Äquinoctium lag, galt für einen festen. Nun wird der Anfangspunkt der Sphäre — von dem aus die Längen gemessen werden — allgemein als *aśviny-ādi* bezeichnet d. h. als erster Punkt des Abschnitts der Ekliptik, zu dem das Sternbild Aśvinī (= α und β Arietis) gehört. Dieser Abschnitt umfasst aber, wie die anderen Nakṣatras, 13°20′, von denen ungefähr 12° westlich von dem Sterne β Arietis liegen; so dass als der Anfangspunkt des Abschnittes irgend ein Punkt angesehen werden könnte, welcher zwischen dem Conjunktionsstern von Revatī und dem Stern β Arietis liegt. Wir haben daher als die Periode, in welcher der Terminus *aśviny-ādi* als Bezeichnung des Frühlingspunktes aufgekommen sein könnte, den ganzen Zeitraum von etwa 300 v. Chr. bis 570 n. Chr. Welchen Zeitpunkt in dieser Periode wir schliesslich wählen, wird von anderen Erwägungen abhängen. Die Bestimmung freilich, dass der Stern ζ Piscium ganz dicht bei *aśviny-ādi* liegt, konnte erst um das Ende der genannten Periode gemacht werden; es nötigt uns aber nichts anzunehmen, dass diese Bestimmung bereits im ursprünglichen S. S. oder den anderen älteren Siddhāntas enthalten war.

Es ist hier die weitere Frage ins Auge zu fassen, welche Werke der griechischen Astronomie als bestehend anzunehmen sein würden, zu der Zeit, als die wissenschaftliche indische Astronomie ihre grossen Entlehnungen von Griechenland machte. Wir denken hier natürlich zuerst an das grosse um 140 A. D. verfasste Werk des Ptolemäus, welches allein eine vollständige Darstellung des griechischen astronomischen Wissens enthält. Es ist nun aber schon längst bemerkt worden, dass eine Anzahl von den charakteristischen Zügen der Lehre des Ptolemäus im S. S. und überhaupt im indischen System nicht anzutreffen sind: so z. B. die von Ptolemäus entdeckte zweite Ungleichheit des Mondes, die sogenannte Evektion. Und weiterhin — was ein noch wichtigerer Umstand ist — finden sich zwischen Ptolemäus und den Indern zahlreiche Verschiedenheiten, besonders in numerischen Elementen auch da, wo sie im ganzen dieselben Methoden befolgen; man beachte z. B. die meist bedeutend von einander abweichenden Angaben über die Dimensionen der Epicyklen und die Lage der Apogäen. Solche Discrepanzen machen es jedenfalls ganz unwahrscheinlich, dass die Syntaxis die direkte — oder überhaupt irgendwie eine — Quelle des indischen Wissens gewesen sein sollte. Dieses Ergebnis schliesst nun aber in keiner Weise die Annahme aus, dass das indische System von anderen griechischen Werken abhängig ist. Wir wissen, dass alle eigentlich wesentlichen Teile des griechischen Systems schon von Hipparch ausgearbeitet worden waren, und dass von gewissen bedeutenden Methoden schon Hipparchs Vorgänger Kunde hatten; so wird z. B. die Erfindung der Methode der Epicyklen dem Apollonius von Perga zugeschrieben. Der einzige Einwand, der, so weit ich sehe, sich gegen die Ansicht vorbringen liesse, dass das System des S. S. auf Werken der Vorgänger des Ptolemäus beruhen kann, ist, dass Ptolemäus für sich das Verdienst in Anspruch nimmt, zuerst eine Planetentheorie gegeben zu haben, welche auf Basis der Annahme zweier Ungleichheiten der Planeten es unternimmt, den Erscheinungen volle Rechnung zu tragen, ohne dabei mit der Forderung in Widerspruch zu treten, dass alle anscheinenden Unregelmässigkeiten aus der Verbindung von excentrischen Kreisen und Epicyklen zu erklären sind. Dies schliesst aber nicht aus, dass schon vor Ptolemäus wenigstens Versuche in derselben Richtung gemacht worden waren; Hipparch kannte die beiden Ungleichheiten, und die Urheber der sogenannten »immerwährenden Tafeln« hatten, wie es scheint, es schon unternommen, Planetentafeln mit der Annahme zweier Ungleichheiten zu berechnen. Es ist überhaupt schon a priori ganz unwahrscheinlich, dass, nachdem man einmal die beiden Ungleichheiten erkannt und die Theorie der Epicyklen und excentrischen Kreise erdacht hatte, in der ganzen Periode zwischen Hipparch und Ptolemäus es niemand versucht haben sollte, die erworbene Einsicht auf die Berechnung der Planeten praktisch anzuwenden. — Wir sind freilich nicht in der Lage, über diesen Punkt detaillierte Hypothesen aufzustellen. Das grosse Ansehen, das sich das Werk des Ptolemäus erwarb, war die Ursache, dass fast die ganze ältere astronomische Litteratur der Griechen in Vergessenheit geriet und uns nicht erhalten ist; und ferner besitzen wir keine der mehr praktischen und populären Handbücher, die es sich zur Aufgabe gemacht haben mögen, so viel astronomisches Wissen in leicht fasslicher Form mitzuteilen, als etwa zur Berechnung des Kalenders und zu astrologischen Zwecken erforderlich war. Dass solche Handbücher im Gebrauch waren, in Alexandrien sowohl als an anderen Orten, versteht sich aber von selbst; und die Form der alten indischen Werke, die sich alle wesentlich darauf beschränken, praktische Rechnungsregeln zu geben, lässt es als eine wahrscheinliche Vermutung erscheinen, dass ihr Vorbild nicht umfangreiche theoretische Werke, sondern concise praktische Handbücher waren. Der ursprüngliche Pauliśa-Siddhānta scheint ein durchaus auf leichte Berechnung ausgehendes Werk gewesen zu sein; und dies ist ja wesentlich auch der Charakter des S. S. selbst. Der Romaka-S. scheint gerade so viel enthalten zu haben, als zur Berechnung des lunisolaren Kalenders und der Mond- und Sonnenfinsternisse nötig war. Der speciell griechische Charakter des Ro. Si. ist evident; die genaue Übereinstimmung des von ihm angenommenen tropischen Jahres mit dem von Hipparch bestimmten und von Ptolemäus recipirten ist der einzige Fall, in dem sich die indische numerische Bestimmung genau mit der griechischen deckt. Dies berechtigt uns aber nicht, etwa zu behaupten, dass während der Ro. Si. als griechischen Ursprungs zu betrachten sei, das vom S. S. repräsentierte System rein indischen Ursprungs sein sollte. Gegen die letztere Annahme bleibt die allgemeine Unwahrscheinlichkeit des unabhängigen Ursprungs zweier radikal verwandter Systeme in voller Kraft. — Zum Beleg der Vermutung, dass die Schriften der griechischen Astrologen Lehren enthalten haben mögen, die mit denen der indischen Werke verwandt waren, möge hier schliesslich auf die von Biot (Études sur l'Astronomie Indienne p. 205) hervorgehobene Thatsache verwiesen werden, dass nach Theon, dem Commentator des Ptolemäus, die alexandrinischen Astrologen das, was die Astronomen als eine stätige Präcession des Äquinoctiums erklärten, als eine periodische Libration desselben darstellten, welche um einen mittleren im Sternbild der Fische gelegenen Punkt stattfindet.

Zu einer definitiven Entscheidung der Frage, wann das den älteren Siddhāntas zu Grunde liegende astronomische Wissen vom Westen her in Indien Eingang fand, kann man daher kaum kommen. Gegen die Annahme, dass dies früher geschehen sein sollte als Ptolemäus, lässt sich nichts Wesentliches einwenden; andrerseits kann man nicht bestimmt behaupten, dass, weil die indischen Lehren so vielfach von denen des Ptolemäus abweichen, die Entlehnung vor der Zeit des letzteren gemacht sein muss. Auf den Namen des Pauliśa-Siddhānta Gewicht zu legen ist nicht rätlich, da die Ableitung desselben unsicher ist. Dagegen leitet allerdings der Name des unzweifelhaft vom Westen abhängigen oder doch beeinflussten Romaka-Si. auf eine Zeit hin, als das Ansehen Roms sich schon so weit nach Osten verbreitet hatte, dass Lehren, die etwa aus Alexandria stammten, sich natürlich mit dem Namen der grossen Metropole des Westens verknüpften.

Es liesse sich nun allerdings gegen all dieses noch die Hypothese aufstellen, dass die griechische Astronomie den Hindus zwar nicht ganz unbekannt geblieben sei, dass auf solchen Einfluss vereinzelte Bestimmungen wie die des tropischen Jahres im Romaka-Siddhânta und natürlich alle die griechischen *termini technici* zurückzuführen seien, dass aber der Kern des Systems, welches uns im S. S. vorliegt, eine durchaus unabhängige indische Schöpfung sei. Das wichtigste Argument, das sich für diese Ansicht aufführen liesse, ist der schon erwähnte Umstand, dass eine nicht unbeträchtliche Reihe astronomischer Werte sich im indischen System anders bestimmt finden als bei Ptolemäus und der griechischen Astronomie im allgemeinen, soweit sie uns bekannt ist. Einige der Unterschiede lassen sich nun sofort aus der Form erklären, in die das indische System sich gekleidet hat. Insbesondere machte die Anwendung der grossen Zeitperioden, die bestimmte Zahlen von ganzen Umläufen der Planeten enthalten müssen, Änderungen in der Dauer dieser Umläufe sofort notwendig; und da zugleich das indische System mit siderischen Umläufen rechnet, während Ptolemäus tropische anwendet, so ergeben sich natürlich bedeutende Unterschiede. Wie etwa die griechischen tropischen Umläufe in die indischen siderischen umgewandelt wurden, lässt sich freilich nicht sagen; die Differenzen sind so heterogen, dass sie sich aus einer methodischen Umwandlung, die mit einem und demselben Werte der Präcession operirte, nicht erklären lassen; und dazu kommt noch, dass, wie schon bemerkt, die Kenntnis der Präcession im früheren Teil dieser Periode den indischen Astronomen ganz gefehlt zu haben scheint. Zu weiterem Bedenken freilich geben die Fälle Anlass, wo der S. S. richtigere Werte hat als Ptolemäus. Dahin gehört z. B. die Angabe des S. S. über die Lage des Sonnen-Apogäums, welche bedeutend besser ist als die entsprechende bei Ptolemäus; dann die Bestimmung des Betrags der grössten Centrumsgleichung der Sonne, in welcher die indische Astronomie der Wahrheit ebenfalls bedeutend näher kommt als die uns bekannte griechische; ferner die Abschätzung des jährlichen Betrags der Präcession auf 54″, verglichen mit der auf 36″ bei Ptolemäus, und Ähnliches mehr. Die Discrepanzen dieser Classe verdienen jedenfalls eine gründlichere Untersuchung, als sie bisher gefunden haben. Immerhin glaube ich nicht, dass die Forschung schliesslich zu dem Schluss kommen sollte, dass wir es hier mit gänzlich unabhängigen indischen Bestimmungen zu thun haben. In erster Linie ist die schon erwähnte Thatsache im Auge zu behalten, dass wir durchaus nicht mit all den griechischen Bestimmungen und Hypothesen bekannt sind, welche auf das indische System Einfluss gehabt haben mögen. Es ist nicht unmöglich, nicht einmal besonders unwahrscheinlich, dass Ptolemäus in einzelnen Fällen bessere von früheren griechischen Astronomen gefundene Werte zu Gunsten eigener, weniger vollkommener Bestimmungen verworfen hat; seine Annahme einer Präcession von 36″ — für die Hipparch jedenfalls einen bedeutend höheren Wert angegeben haben würde — ist dafür ein thatsächliches Beispiel. An zweiter Stelle ist auch die Hypothese nicht ganz auszuschliessen, dass in einzelnen Fällen die richtigeren indischen Werte auf Verbesserungen beruhen, die auf indischem Boden gemacht wurden und auf Beobachtungen fussen. Dass solche Beobachtungen wirklich gemacht wurden, ist wohl ausser Zweifel und wird schon dadurch, wenigstens für spätere Zeit, erwiesen, dass von Zeit zu Zeit sogenannte Bîjas, d. h. Verbesserungen, eingeführt wurden, die darauf ausgingen, die astronomischen Elemente mit den thatsächlichen Verhältnissen der Periode in Einklang zu setzen. Freilich beschränken sich dieselben im ganzen auf die mittleren Bewegungen der Himmelskörper, wo Verbesserungen am leichtesten zu machen waren. Und selbst, wenn wir einen Grund sehen sollten, anzunehmen, dass in einer früheren Periode weitgehende Verbesserungen der griechischen Resultate nach einem richtigen System gemacht wurden, so bliebe doch immer noch ein bedeutender Unterschied zwischen einer solchen Annahme und der Behauptung, dass das ganze System ursprünglich von den Indern selbständig ausgearbeitet worden sei. Wenn man einerseits die Art und Weise kennt, in der Hipparch und Ptolemäus vermittelst geschickter Verknüpfung von Beobachtungen — unter denen sich viele alte chaldäische befinden — die Werte der astronomischen Constanten bestimmten, und andrerseits bedenkt, dass in der ganzen indischen astronomischen Litteratur sich keine einzige Beobachtung verzeichnet findet, so wird man wenig geneigt sein, den Indern ebensogut die Errichtung eines selbständigen Systems zuzutrauen wie den Griechen. Man wende hiergegen nicht ein, dass es die allgemeine Eigentümlichkeit indischer Darstellung ist, die Schritte nicht mitzuteilen, durch welche irgend ein Resultat erzielt wird, sondern nur das Resultat selbst; denn ein gedeihlicher Fortgang einer exakten Wissenschaft, wie die Astronomie es ist, lässt sich durchaus nicht vorstellen, wenn nicht jeder Beobachter und Theoretiker es seinen Nachfolgern ermöglicht, die Prämissen seiner Schlüsse einer genauen Prüfung zu unterziehen. Wir können diesen Punkt hier nicht ausführlicher erörtern und weisen nur noch darauf hin, dass die Aufschlüsse, die uns spätere Theoretiker wie Bhāskara über die Methoden geben, vermittelst derer nach ihrer Ansicht astronomische Werte festzustellen sind, wenig dazu angethan sind, uns in dem Glauben zu bestärken, dass das indische System selbständig auf Grund originaler Beobachtungen von den Indern sollte aufgebaut worden sein.

Es muss hier allerdings noch weiter darauf hingewiesen werden, dass das, was wir nun aus der Pañcasiddhāntikā über die anderen frühen Siddhāntas — ausser dem S. S. — wissen, die Entscheidung der Frage nach dem Ursprung des Systems einigermassen erschwert. Dass die Lehre des Romaka eine Entlehnung von Griechenland ist, daran ist nicht zu zweifeln; aber gerade der Umstand, dass die Lehre des S. S. so bedeutend von der des Romaka abweicht, scheint darauf hinzuweisen, dass die Quelle des ersteren von der des letzteren verschieden war. Und selbst der Romaka weicht in einigen Punkten bedeutend von den uns bekannten Lehren der griechischen Astronomie ab. Und wenn wir den Vāsiṣṭha-Siddhānta mit seinen Annäherungsregeln betrachten, so sehen wir uns noch weiter von Hipparch und Ptolemäus entfernt. Für die Theorie des Vāsiṣṭha (und, wie es scheint, auch des Pauliśa), dass die Geschwindigkeit der Bewegung des Mondes täglich um den gleichen Betrag ab- oder zunimmt, findet sich in der griechischen Astronomie kein Analogon. M. P. Kharegat weist darauf hin, dass nach Albērūnī ein altpersisches Jahr existirte, das die Länge von $365^t\ 6^{st}\ 12'$ hatte, was genau der im alten Pauliśa-Siddh. angenommenen Länge entspricht, und zeigt ausserdem, dass Varāha-Mihira einen Kalender kannte, welcher der von Yasdegird bin Shapur festgestellten Form des persischen Kalenders genau entspricht. Eine Beeinflussung der indischen Astronomie von Persien aus wäre daher nicht auszuschliessen; nur wissen wir leider fast nichts über die astronomischen Kenntnisse und Methoden der Perser in den frühen Jahrhunderten der christlichen Ära. Und schliesslich wäre auch die Möglichkeit einer Einwirkung auf das indische System von Babylon aus in Erwägung zu ziehen, ehe man für die Selbständigkeit der indischen Astronomie dieser Periode Partei nimmt.

Wir haben oben gesehen, dass nach dem S. S. — und so nach allen anderen astronomischen Lehrbüchern — der erste Meridian über Ujjayinī geht. Diese Stadt muss daher jedenfalls als der ursprüngliche Sitz des wissenschaftlichen astronomischen Systems in der uns allein vorliegenden Form angesehen werden. Der Umstand nun, dass Ujjayinī im westlichen Indien liegt, trägt auch dazu bei, es wahrscheinlich zu machen, dass der anzunehmende griechische Einfluss über die See von Alexandrien kam; zwischen diesem Orte und der Westküste Indiens bestand in den ersten Jahrhunderten der christlichen Ära ein reger Handelsverkehr. Sollten sich Gründe zeigen, westliche Einflüsse in noch früherer Zeit anzunehmen, so könnte man natürlich auch an die griechischen Königreiche im Nordwesten Indiens denken, welche von den Nachfolgern Alexanders errichtet wurden; und es wäre dabei an die Thatsache zu erinnern, dass in einigen Inschriften der Śakas und Kuṣaṇas (Cunningham, Book of Ind. Eras, p. 41) aus dem Nordwesten Indiens die macedonischen Namen der Monate neben den indischen erwähnt werden. Einstweilen aber liegen keine Gründe vor, über Möglichkeiten dieser Art weiter zu spekulieren.

Die Frage nach dem Ursprung der wissenschaftlichen indischen Astronomie findet sich besonders eingehend behandelt in den öfters genannten Abhandlungen Biots und in den Noten Whitneys zur Übersetzung des S. S. (JAOS. VI). Diese Gelehrten erklären sich beide für den griechischen Ursprung des Systems. Vgl. ferner die Einleitung zur P. S. (s. § 34, Anm.). — Dass das indische System wesentlich original ist, und nur einige Einzelheiten von den Griechen entlehnt hat, ist die Hauptthese, welche Ś. B. Dīkṣit in seinem wichtigen historischen Werke verficht. Seine Ansichten erfordern eine gründlichere und ausführlichere Behandlung, als ich oben im Text zu geben in der Lage war. — Über astronomische und astrologische Termini technici von griechischem Ursprung vgl. Burgess, Note on Hindū Astronomy JRAS. 1893, p. 746 ff.

§ 30. Dritte Periode. — Charakter der späteren Werke. — Von den fünf grundlegenden Siddhāntas ist, wie erwähnt, nur einer erhalten, und auch dieser nur in modifizierter Gestalt. Auch scheint es, dass nur dieser eine, der S. S., von wesentlichem Einfluss auf die weitere Entwicklung der indischen Astronomie war. Der Paitāmaha-Si. stellte ein völlig veraltetes System dar; und auch der Vāsiṣṭha-Si. war viel zu primitiv, um sich in einflussgebender Stellung zu behaupten. Die charakteristischen Züge des Romaka, besonders sein tropisches Jahr, erscheinen in keinem der späteren Werke. Und derjenige Pauliśa, der später so viel erwähnt wird, der dem Albērūnī z. B. als eines der massgebenden indischen astronomischen Werke vorlag, war in keiner Weise der ursprüngliche, sondern ein gänzlich umgearbeitetes und dadurch dem S. S. nahe gebrachtes Werk. Das Umarbeiten älterer Werke, um sie den vorgerückteren Ideen der Zeit gerecht zu machen, scheint überhaupt zur Zeit Āryabhaṭas und späterhin beliebt gewesen zu sein; wir haben das direkte Zeugnis Brahmaguptas betreffs solcher Umarbeitungen des Romaka- und des Vāsiṣṭha-Siddhānta. Alle diese Umarbeitungen scheinen das Resultat gehabt zu haben, dass die Züge, in denen ältere Siddhāntas sich charakteristisch vom S. S. unterschieden, sich verwischten, und diese Werke so dem S. S. ähnlicher wurden.

Wenn wir die ganze sehr umfangreiche astronomische Litteratur betrachten, welche später ist als die grundlegenden Siddhāntas, und die sich von Āryabhaṭa bis auf die neueste Zeit herunterzieht, so treffen wir eigentlich auf nichts wesentlich Neues, das uns berechtigte, von einer weiteren wahrhaften Entwicklung der Astronomie in Indien zu reden. Wir sehen hier vom späteren Einflusse der arabisch-persischen Astronomie ab. Die Grundzüge des Systems und die Hauptmethoden bleiben durchaus dieselben. Die mittleren Bewegungen werden hie und da abgeändert und im Lauf der Zeit, als die Discrepanz zwischen den alten Werten und den thatsächlichen Verhältnissen nicht mehr zu übersehen war, verbessert. Die Methode zur Berechnung der wahren Bewegungen und Örter bleibt wesentlich dieselbe; erwähnt mag werden, dass schon bei Āryabhaṭa und so späterhin excentrische Kreise deutlich von den Epicyklen unterschieden und neben ihnen angewendet werden. Die Werte der Excentricitäten und dergleichen erfahren einige Abänderungen, die aber durchaus nicht immer Verbesserungen sind. Genauere Bestimmungen des Betrags der Sinus finden sich bei Bhāskara. Die Methoden zur Auffindung der geographischen Breite, Zenithdistanz und Höhe der Sonne, Zeit des Aufgangs der Zeichen der Ekliptik etc. (alles das, was im sogenannten Tripraśna-Abschnitt der Siddhāntas abgehandelt zu werden pflegt) werden ausgearbeitet und in Einzelheiten vervollkommnet, aber nicht wesentlich bereichert. Dasselbe muss von den Methoden zur Berechnung der Mond- und Sonnenfinsternisse — worin die indische Astronomie ihre Hauptaufgabe sieht — gesagt werden. Wie fern der Gedanke einer eigentlichen Erweiterung der Astronomie den Autoren dieser ganzen Periode lag, mag z. B. dadurch illustriert werden, dass niemand es sich einfallen liess, die Länge und Breite anderer Fixsterne festzustellen als der ganz wenigen, die schon in den alten Siddhāntas Beachtung gefunden hatten. Die Form der Darstellung bleibt im wesentlichen während der ganzen Periode dieselbe; und die Materien werden in derselben Reihenfolge abgehandelt. Kein einziges Werk z. B. unternimmt es, die Länge eines einzelnen Umlaufs eines Himmelskörpers direkt in Jahren, Tagen, Stunden u. s. w. anzugeben; überall werden die hohen Summen von vollständigen Umläufen aufgeführt, welche der Himmelskörper in einem enorm grossen Aggregat von ganzen Tagen vollendet; und überall wird als Ausgangspunkt der Berechnungen an der Annahme festgehalten, dass alle Himmelskörper am Anfang einer grossen Periode — sei dies das Kalpa, das Mahāyuga oder das Kaliyuga — an demselben Punkte der Sphäre in Conjunction waren. In Übereinstimmung mit einer Tendenz, welche sich in allen Zweigen indischer Wissenschaft offenbart, werden die astronomischen Processe und Regeln in möglichst conciser, fast immer metrischer Form gegeben, und zwar ohne jeglichen Beweis. Dies war schon das Verfahren der zweiten Periode; ein conciser, ja änigmatischer abgefasstes Werk als das Jyotiṣa-Vedāṅga lässt sich kaum denken. Dass den Verfassern der Werke die Kenntnis der Beweise ihrer Regeln und der Begründung ihrer Methoden in den meisten Fällen nicht abging, daran ist nicht zu zweifeln. Das erhellt schon genugsam aus den Commentaren, die, oft nicht viel jünger als die Originalwerke, das nachholen, was die Texte selbst nicht geben; ihre Erklärungen leisten in der Regel alles, was verlangt werden kann. Immerhin ist die völlige Trennung von kurzgefassten Regeln und Vorschriften auf der einen und umständlicher Erläuterung auf der anderen Seite vielfach unbequem und hat ausserdem praktisch die Folge gehabt, dass sich viele der Astronomie Beflissene ganz auf das Lernen der concisen Textregeln beschränken und mit Hilfe derselben ihre astronomischen Berechnungen ausführen, ohne sich im geringsten um eigentlichen Sinn und Begründung zu bekümmern. Eine weitere missliche Folge der concisen Abfassung der Texte war die, dass für Schriften, zu denen alte Commentare entweder nicht bestanden oder im Laufe der Zeit verloren gingen, der Schlüssel zum Verständnis oft ganz abhanden kam. Dies passirte natürlich am leichtesten denjenigen Texten, deren Anschauungen und Methoden allmählich durch spätere verdrängt wurden und so in Vergessenheit gerieten. Es mag hier auf zwei interessante Fälle hingewiesen werden, die das eben Gesagte erläutern. Zu dem kleinen metrischen Tractat, welcher sich trotz seiner gänzlich veralteten Anschauungen bis auf den heutigen Tag als das — nominell wenigstens — offizielle Jyotiṣa-Vedāṅga behauptet hat, existiert nur ein ganz spät geschriebener Commentar, dessen Verfasser — Somākara — offenbar durchaus keine älteren Commentare zu seiner Verfügung hatte und in Folge davon in den meisten der von ihm versuchten Erklärungen seines Textes völlig, oft in ganz lächerlicher Weise, in die Irre ging. Und als vor etwa

15 Jahren der Verfasser dieser Arbeit anfing, sich mit dem Texte der lange für verloren angesehenen und erst kurz zuvor von Bühler wieder entdeckten Pañcasiddhāntikā des Varāha-Mihira zu beschäftigen — zu welcher kein Commentar erhalten ist —, konnte er lange selbst unter den besten Jyotiṣīs von Benares keinen auffinden, der im Stande war, zur Erklärung der schwierigeren Teile des Textes irgend welche namhafte Hilfe zu geben; der Collaborator, den er schliesslich das Glück hatte sich erwerben zu können, war und ist in vieler Beziehung eine leuchtende Ausnahme unter den Jyotiṣīs der Gegenwart. Und aus den Anführungen aus dem Texte der Pañcasiddhāntikā, die sich bei Bhaṭṭotpala, dem berühmten Commentator der astrologischen Schriften des Varāha-Mihira, finden, scheint hervorzugehen, dass schon diesem Gelehrten Teile wenigstens der astronomischen Schrift seines Meisters nicht mehr recht verständlich waren.

Wie weit überhaupt die von uns als wissenschaftlich bezeichnete Stufe der indischen Astronomie diese Benennung verdient, wenn wir nicht nur das thatsächlich Geleistete in Betracht ziehen, sondern auch dem treibenden Geist der astronomischen Thätigkeit unsere Aufmerksamkeit zuwenden, ist eine wohl aufzuwerfende Frage. Dürfen wir bei den indischen Astronomen dasjenige theoretische Interesse am Gegenstand ihrer Bemühungen voraussetzen, in dessen Abwesenheit wir zögern würden, eine an sich vielleicht bedeutende Summe von Kenntnissen und Fertigkeiten als aus wissenschaftlichem Geist entsprungen zu bezeichnen? — Es ist nun wohl kaum zu bestreiten, dass von den ältesten Zeiten an und bis auf die Gegenwart herunter es hauptsächlich zwei Triebfedern waren, welche in Indien das Studium der Astronomie im allgemeinen im Gange erhielten, erstens nämlich das durchaus praktische Bedürfnis, einen geregelten Kalender zu haben, und zweitens Interessen, die wir in weiterem Sinne als astrologisch bezeichnen können. Das erstere Bedürfnis hat ja wohl überall, wo Astronomie gepflegt wurde, den ersten Anlass gegeben; die entwickelte Astronomie der Hindus geht aber weit über das hinaus, was zur Constitution eines leidlich genauen Kalenders nötig wäre. Dass aber bei dieser Erweiterung des astronomischen Wissens astrologische Motive bedeutend beteiligt waren, erscheint evident. Die Schriften der zweiten Periode nehmen auf die Bewegungen der Planeten nur insofern Bezug, als von ihnen gewisse Ereignisse auf der Erde als abhängig zu betrachten sind; und dass zugleich mit dem Bekanntwerden griechischer Astronomie auch wirkliche Astrologie — in der Form, die den Griechen von den Babyloniern mitgeteilt worden war — in Indien Eingang fand, ist unzweifelhaft. — Seit dieser Zeit bis auf den heutigen Tag bilden Berechnungen rein astrologischer Art die Hauptbeschäftigung der grossen Mehrzahl der Jyotiṣīs; und viele der in der Geschichte der Astronomie zu nennenden Autoren haben auch astrologische Handbücher verfasst. Freilich wird zuzugeben sein, dass sich die bedeutenderen Astronomen über den astrologischen Standpunkt erheben und ihrer Wissenschaft ein vorwiegend theoretisches Interesse entgegenbringen. Auf der anderen Seite aber muss man erwägen, dass selbst die namhafteren unter ihnen die Elemente des Systems als auf göttlicher Offenbarung beruhend ansehen und ihnen daher durchaus nicht mit der Freiheit des Geistes gegenüberstehen, ohne welche ein gedeihlicher Fortschritt in der Forschung nicht wohl möglich ist. Mit dieser Befangenheit des Standpunktes hängt es auch unzweifelhaft zusammen, dass, nachdem einmal das System in seinen Grundzügen fertiggestellt war, kein eigentlich nennenswerter Versuch gemacht wurde, es wesentlich zu erweitern, gar nicht zu reden von Bestrebungen, es gründlich umzugestalten. Im ganzen wird man sagen müssen, dass selbst die bedeutendsten der Hindu-Astronomen an wissenschaftlichem Geiste weder mit den grossen griechischen Astronomen noch mit den Arabern verglichen werden können, die es sich zur Aufgabe machten, das von den Griechen errichtete System weiter auszubauen.

Die Abwesenheit eines wesentlichen Fortschritts seit der Periode der grundlegenden Siddhāntas macht es unnötig, die späteren Werke in eingehendem Detail zu betrachten. Der S. S. gibt ein im wesentlichen genaues und vollständiges Bild von dem Wissen und Können der Inder auf astronomischem Gebiet, was ja auch schon daraus zu schliessen wäre, dass er, mit einigen Verbesserungen, bis auf die heutige Zeit im Gebrauch geblieben ist. Abgesehen von Einzelheiten haben daher die Werke, die wir von nun an behandeln werden, im ganzen nur eine litterarisch-historische Bedeutung. Ihr Hauptinteresse liegt thatsächlich darin, dass sie in verschiedener Weise direkte oder indirekte Aufschlüsse über die Periode der Entstehung der wissenschaftlichen Astronomie geben.

An einer umfassenden Behandlung der Unterschiede der Lehren der späteren astronomischen Lehrbücher fehlt es noch. Das Thema kann auch im allgemeinen kein anziehendes genannt werden, da man meist kein rechtes Vertrauen haben kann, dass Abänderungen in den astronomischen Elementen auf wirklich kompetenten Beobachtungen beruhen. Letzteres kann, so viel ich sehe, mit Bestimmtheit nur betreffs der mittleren Bewegungen der Himmelskörper angenommen werden, für welche von Zeit zu Zeit — *bīja* genannte — Verbesserungen ermittelt wurden, kraft derer sich die Bestimmungen der mittleren Örter bis auf die Neuzeit so ziemlich im Einklang mit den wirklichen Verhältnissen erhalten haben. Über die Geschichte einiger besonderer astronomischer Lehren haben wir Untersuchungen bei Colebrooke, der z. B. die Lehren der wichtigsten Werke über die Dimensionen der Epicyklen zusammenstellt. Eine Reihe von Erörterungen ähnlicher Art finden sich in S. B. Dīkṣits Werk, wo nach Erledigung der eigentlichen Geschichte der Astronomie die Hauptmaterien des astronomischen Systems einzeln behandelt werden. Von besonderem Interesse ist die Behandlung, die S. B. Dīkṣit der Lehre der Präcession der Äquinoctien, einem überdies schon von Colebrooke (»On the Notions of the Hindu Astronomers, concerning the Precession of the Equinoxes etc.« As. Res. Vol. XII) erörterten Stoffe, zu Teil werden lässt. Wie schon oben bemerkt, ist die Annahme einer Libration der Äquinoctien zwischen bestimmten Grenzen die vorherrschende geblieben; daneben findet sich aber auch die Lehre von vollständigen Umläufen.

§ 31. Dritte Periode. — Klassen von Werken. — Die späteren Werke gehören verschiedenen Kategorien an. In erster Linie haben wir Siddhāntas, d. h. Werke in der Regel von bedeutendem Umfang, in denen im ganzen in einer dem S. S. analogen Weise das vollständige System der Astronomie ausführlich dargestellt wird; die Theorie ist, dass alle Berechnungen vom Anfang des Kalpa oder des Yuga an zu machen sind. In diese Klasse gehört schon das uns erhaltene Werk Āryabhaṭas (obschon dies vermöge seiner höchst concisen Darstellungsweise nur von geringem Umfange ist) und dann weiterhin der Sphuṭa-Siddhānta des Brahmagupta. Nächst dem haben wir die sogenannten Karaṇawerke, die darauf ausgehen, Anleitung zu möglichst leichter und bequemer Ausführung der hauptsächlichen astronomischen Berechnungen zu geben; sie stellen daher die Regeln in einer solchen Form dar, dass auf ihrer Basis sofort zur Rechnung geschritten werden kann, und geben alle mittleren Örter für ihre Zeit, d. h. für das Jahr der Abfassung des Karaṇa, an, so dass die Berechnungen für ein nicht sehr weit davon abliegendes Datum mit verhältnismässig kleinen Zahlen zu operiren haben. Zu dieser Klasse gehören z. B. die Pañcasiddhāntikā des Varāha-Mihira und das Khaṇḍakhādyaka des Brahmagupta. Andere Werke wiederum machen es sich zur Aufgabe, die Berechnungen durch astronomische Tafeln zu erleichtern, so das auf den S. S. begründete Werk des Makaranda. Und schliesslich sind die zahlreichen wichtigen Commentare zu älteren Werken zu nennen, die uns das eigentliche Verständnis der meist übermässig concis abgefassten Texte möglich machen und ausserdem vielfach wichtige Citate aus älteren Schriften enthalten; es mag hier z. B. der Commentar Pṛthūdakasvāmins zum Sphuṭa-Si. des Brahmagupta genannt werden, und der Commentar des Bhaṭṭotpala zur Bṛihat-Saṃhitā des Varāha-Mihira, der obschon ein astrologisches Werk erläuternd viele für die Geschichte der Astronomie wichtige Citate enthält.

In der Besprechung der Litteratur von Āryabhaṭa an — welche im Laufe der Jahrhunderte an Umfang zu- an Wichtigkeit abnimmt — müssen wir uns eine Auswahl erlauben. Bis auf Brahmagupta hat alles eine gewisse Bedeutung, auch die Autoren, deren Werke selbst uns nicht erhalten sind, die wir daher nur aus Anführungen bei anderen Schriftstellern kennen. Nach Brahmagupta — dessen Siddhānta das letzte Werk in grösserem Stile ist, welches auf eine gewisse Originalität Anspruch erheben kann — nimmt die astronomische Litteratur erheblich an Interesse ab; und es können daher von den zahlreichen Autoren nur die aus irgend einem Grunde sich über das allgemeine Niveau erhebenden hier genannt werden. Für weitere Details kann dabei auf zwei neuere vortreffliche Arbeiten verwiesen werden. Von diesen enthält die eine, die Gaṇakataraṅgiṇi, verfasst von Paṇḍit Sudhākar Dvivedī, alles, was der Verfasser, gestützt auf das ihm in Benares zu Gebote stehende handschriftliche Material, über die Lebensumstände und Werke von indischen Astronomen von Āryabhaṭa bis auf die heutige Zeit herab in Erfahrung gebracht hat, während die oft citirte Geschichte der indischen Astronomie von Ṣ. B. Dīkṣit eine ähnliche Darstellung enthält, welche die Paṇḍit Sudhākars vielfach erweitert und ergänzt.

§ 32. Dritte Periode. — Āryabhaṭa. — Die Autoren, die hier zunächst zu nennen sind, sind Āryabhaṭa und der beinahe gleichzeitige Varāha-Mihira. Āryabhaṭa ist von europäischen Gelehrten vielfach für den Begründer der wissenschaftlichen Astronomie der Inder angesehen worden. Dass er auf diese Stellung keinen Anspruch machen kann, erhellt aus der oben gegebenen Darstellung der grundlegenden Siddhāntas, welche dem Varāha-Mihira als Werke von feststehender Autorität vorlagen, während er den Āryabhaṭa einmal mit einer Anzahl anderer Autoren als eine Persönlichkeit erwähnt, die über einen bestimmten, nicht sehr wesentlichen Punkt des Systems eine individuelle Ansicht hatte. Nach den bei Varāha-Mihira und Brahmagupta gegebenen Andeutungen dürfen wir annehmen, dass um die Zeit Āryabhaṭas, d. h. gegen das Ende des fünften nachchristlichen Jahrhunderts, von einer Anzahl Autoren eine rege Thätigkeit entfaltet wurde, darauf ausgehend, die Lehren der alten Siddhāntas in einzelnen Punkten zu verbessern und zu vervollständigen, hauptsächlich aber sie in möglichst conciser, praktischer und so weit thunlich eleganter Form darzustellen. Es ist möglich, dass Āryabhaṭa unter diesen Schriftstellern zeitlich der erste war, aber es ist dies nicht gerade besonders wahrscheinlich.

Bei Varāha-Mihira finden sich die folgenden Autoren genannt, die wir daher als zum mindesten gleichzeitig oder noch früher als Āryabhaṭa anzusetzen haben: Lāṭa, Siṃha, Pradyumna, Vijayanandin. Alle diese Namen werden auch bei Brahmagupta genannt. Die geringen Details, die betreffs der drei letztgenannten gegeben werden, machen es uns nicht möglich, uns vom allgemeinen Charakter ihrer Leistungen einen Begriff zu bilden. Von Lāṭa berichtet Alberūnī, er sei der Verfasser des S. S. gewesen; dies ist aber nach der Art wie seiner bei Varāha-Mihira und Brahmagupta Erwähnung geschieht, nicht wohl möglich. Nach Varāha-Mihira commentirte er den Romaka- und den Pauliśa-Siddhānta; andere Erwähnungen machen es wahrscheinlich, dass er auch ein selbständiges Werk verfasste.

Von Āryabhaṭa ist uns ein gewöhnlich Laghv-āryabhaṭīya genanntes Werk erhalten, nach seiner eigenen Angabe verfasst von ihm in Kusumapura, als 3600 Jahre vom laufenden Kaliyuga verflossen waren, und der Autor selbst 23 Jahre alt war. Das Werk zerfällt in vier Teile. Ein einleitender, der aus 10 oder mit dem Schlussverse 11 Āryās besteht und *daśagītikā-sūtra* heisst, erklärt ein dem Āryabhaṭa eigentümliches System Zahlen zu schreiben und enthält die numerischen Elemente des Systems. Der zweite, später zu erwähnende Teil gibt in 33 Āryās eine kurze Darstellung von Āryabhaṭas arithmetischen, algebraischen und geometrischen Kenntnissen. Der dritte Teil — *kālakriyāpāda* — in 25 Versen, enthält die Grundzüge der astronomischen Berechnungen, während der vierte Teil — *golapāda* — in 50 Versen die Prinzipien der Sphäre und der auf ihr beruhenden astronomischen Hypothesen auseinandersetzt. Die Einteilung des astronomischen Stoffes in einen berechnenden Teil und ein von der Sphäre handelndes Kapitel, die uns hier zuerst bei Ā. Bh. begegnet, ist praktisch und von der späteren Astronomie beibehalten, ebenso die Einschliessung eines rein mathematischen Kapitels. Die astronomischen Lehren Ā. Bhs. stehen im ganzen auf dem Boden des S. S.; doch sind einige Eigentümlichkeiten bemerkenswert. So die Einteilung des Mahāyuga in vier Yugas von gleicher Länge, worin er von der allgemeinen Praxis abweicht. So auch, dass er in seinen Zeitrechnungen mit Sonnenaufgang anfängt. So ferner seine Bezugnahme auf die grossen Zeitperioden der Jainas. So ferner, dass eine Verschiedenheit des Umfangs der Epicyklen der Planeten angenommen wird, je nachdem die Anomalie in geraden oder ungeraden Quadranten liegt (I, 8. 9); wir sahen oben, dass diese Unterscheidung der ursprünglichen Form des S. S. fremd gewesen zu sein scheint, und sie ist vielleicht von Ā. Bh. eingeführt worden. Und vor allem die Lehre, dass die tägliche Umdrehung der Himmelssphäre mit allen Himmelskörpern nur eine scheinbare ist, während sich in Wirklichkeit die Erde in einem siderischen Tag einmal um ihre Axe dreht. Dass diese Ansicht auch den Griechen nicht fremd war, ist bekannt; ob Ā. Bh. sie von dorther entlehnt hat oder selbst darauf verfallen ist, können wir nicht entscheiden. Jedenfalls hat seine Lehre in Indien nicht mehr Glück gehabt als die entsprechende Ansicht unter den Griechen; schon Varāha-Mihira und Brahmagupta bekämpfen sie, und sie ist, so viel ich weiss, von keinem späteren Astronomen angenommen worden. — Das beschriebene Werk Āryabhaṭas ist das einzige uns erhaltene; es ist aber von Ś. B. DIKṢIT gezeigt worden, dass ein anderes Werk von ihm existirt haben muss, das nämlich, auf dessen Elemente das Khaṇḍakhādyaka-karaṇa Brahmaguptas (über welches weiter unten gehandelt wird) gegründet ist. Und es ist von grossem Interesse zu sehen, dass die Elemente des Kh. Kh. durchaus mit denen der älteren Form des S. S. übereinstimmen, die uns aus der Pañcasiddhāntikā bekannt ist; Āryabhaṭa hat also in dem für uns verlorenen Werke sich an diesen S. S. gehalten.

Über die Stellung Āryabhaṭas in der Geschichte der wissenschaftlichen indischen Astronomie vgl. die Einleitung zur P. S., Ga. Ta. und ŚBD.; ferner KERNS Einleitung zur Bṛhat-Saṃhitā und eine Abhandlung von Bhau Dajī, JRAS. 1864. — Das erhaltene Werk des Āryabhaṭa wurde unter dem Titel »Āryabhaṭīya« von KERN herausgegeben, Leiden 1874, zusammen mit dem Commentar des Paramādīśvara.

§ 33. Dritte Periode. — Zweiter Āryabhaṭa. Lalla. — Wir wollen hier gleich ein weiteres Werk nennen, das sich als Āryabhaṭa-

Siddhānta bezeichnet, aber jedenfalls mit dem älteren Āryabhaṭa nichts zu thun hat. Dasselbe ist ein in 18 Abschnitten abgefasstes Werk, das sich über das ganze System der Astronomie verbreitet und einige Kapitel über Arithmetik und Algebra enthält. Am Anfang bezeichnet es sich selbst als einen von Āryabhaṭa abgefassten Siddhānta; wer aber dieser Āryabhaṭa gewesen, wissen wir nicht, und auch die Zeit des Werks lässt sich nicht sicher ermitteln. BENTLEY setzte sie, unter Anwendung seiner gewöhnlichen Methode, auf 1322 A. D. und fand darin Beistimmung; Ś. B. DIKṢIT weist aber darauf hin, dass nach Bhāskara »von Āryabhaṭa und anderen« eine Bestimmung über die Aufgänge der Deccane gegeben wurde, und dass sich eine solche Bestimmung thatsächlich im Āryabhaṭa-Siddhānta findet, während andererseits derselben bei Brahmagupta — der den alten Āryabhaṭa so vielfach kritisirt — keine Erwähnung geschieht. Der Siddhānta ist daher wahrscheinlich in die Periode zwischen Brahmagupta und Bhāskara einzusetzen. Die augenfälligste Eigentümlichkeit dieses Werkes ist, dass es für die Dauer der mittleren Umläufe eigentümliche Werte hat — der Umlauf der Sonne wird auf 365ᵗ 6ˢᵗ 12′ 30″.84 abgeschätzt — und dass es ausserdem die Werte der Umläufe nach einem Parāśara-Siddhānta angibt. Der letztere ist sonst ganz unbekannt; der alte in der zweiten Periode erwähnte Parāśara gehört natürlich einer ganz anderen Entwickelungsstufe der indischen Astronomie an. Im Āryabhaṭa-Siddhānta sowohl als in der angeblich dem Parāśara entlehnten Liste werden die Zahlen der Umläufe im Kalpa angegeben. Der Āryabhaṭa-Siddhānta hat auch sein besonderes System, Zahlen vermittelst Buchstaben zu bezeichnen; das System weicht durchaus von dem des alten Āryabhaṭa ab. — Der Siddhānta wird bisweilen als Mahārya-Si. bezeichnet, dann aber auch wieder als Laghvārya-Si. Ś. B. DIKṢIT nennt den Verfasser desselben, zur Unterscheidung von dem alten Āryabhaṭa, den zweiten Āryabhaṭa, und es wäre praktisch, diese Benennung beizubehalten.

In einem besonders nahen Verhältnis zu Āryabhaṭa steht Lalla, von dem ein astronomisches Werk, »Śiṣyadhīvṛddhidatantra« betitelt, erhalten ist. Es folgt im ganzen genau Āryabhaṭa, jedoch mit einzelnen Ausnahmen. Da Lalla Verbesserungen der nach Āryabhaṭa gefundenen Planetenörter für das Jahr Śaka 420 (das Jahr der Abfassung von Ā. Bhs. Werk) angibt und ausserdem von einem späteren Commentator als Schüler Ā. Bhs. bezeichnet wird, hat man ihn um dieselbe Zeit wie den letzteren ansetzen wollen; es ist aber von Ś. B. DIKṢIT wahrscheinlich gemacht worden, dass Lallas Werk später ist als Brahmaguptas Sphuṭa-Siddhānta. Es mag daher etwa um Śaka 560 angesetzt werden. Das Werk enthält einen Gaṇitādhyāya und einen Golādhyāya mit den gewöhnlichen Unterabteilungen. Lalla ist am meisten dadurch bekannt, dass verschiedene seiner Ansichten — darunter einzelne mathematische, nicht in dem obengenannten Werke enthaltene Lehren — von Bhāskara im Si. Śi. kritisirt werden.

Über den »zweiten« Āryabhaṭa vgl. ŚBD. Über Lalla vgl. Ga. Ta. und ŚBD. Das Werk Lallas wurde herausgegeben von Paṇḍit SUDHĀKAR DVIVEDĪ, BENARES.

§ 34. Dritte Periode. — Varāha-Mihira. — Der zunächst zu erwähnende wichtige Autor ist der schon bisher vielgenannte Varāha-Mihira, der Verfasser der Pañcasiddhāntikā und einer Reihe von Werken astrologischen Inhaltes, die später erwähnt werden sollen. Betreffs seiner Zeit haben wir die, freilich nicht sonderlich gut beglaubigte, Nachricht, dass er im Jahre Śaka 509 starb. Ein sicherer Schluss lässt sich darauf gründen, dass er in der P. S. als Ausgangspunkt der von ihm gelehrten astronomischen Berechnungen das Jahr Śaka 427 anwendet; denn es ist der Brauch der Karaṇa-Verfasser, von einem Jahre auszugehen, das entweder mit dem Jahre der Abfassung ihres Handbuchs zusammenfällt, oder doch wenigstens nicht weit von demselben abliegt. Die Abfassung der P. S. fällt so jedenfalls in die erste Hälfte des sechsten christlichen Jahrhunderts. Die Bedeutung des Werkes erhellt genugsam aus dem, was oben über die grundlegenden Siddhāntas gesagt worden ist; erst seitdem die P. S. bekannt geworden, sind wir befähigt, uns über die ältere Periode der wissenschaftlichen indischen Astronomie ein Urteil zu bilden. Dem, was unter den einzelnenen Siddhāntas über den Inhalt der P. S. berichtet worden ist, ist hier wenig beizufügen. V.M., unschätzbar als Berichterstatter, scheint kaum irgend welche Verdienste als selbständiger Astronom zu haben; an einer Stelle lehrt er, wie die mittleren Planetenörter, nach dem S. S. berechnet, zu verbessern seien. Der Form nach ist die P. S. ein Karaṇa, oder — um es genauer zu bezeichnen — sie stellt die Lehren der grundlegenden Siddhāntas in Karaṇa-Form dar. V.Ms. Werk ist das älteste Beispiel dieser Klasse, von allen späteren Werken auch dadurch unterschieden, dass es die Methoden verschiedener Siddhāntas praktisch anzuwenden lehrt, nicht nur die eines einzigen. Leider ist der Text der P. S. nur in sehr verderbter Gestalt erhalten, so dass nicht nur eine Reihe einzelner Stellen bis jetzt unerklärt geblieben sind, sondern es auch von einigen ganzen Abschnitten des Werkes nicht sicher ist, mit welchem der fünf Siddhāntas sie sich beschäftigen. Dazu kommt der Mangel eines alten Commentars. Trotz seiner ungemeinen Wichtigkeit scheint das Werk in Indien schon frühe in fast völlige Vergessenheit geraten zu sein, während die astrologischen Werke V.Ms. bis auf die jetzige Zeit eine autoritative Stellung behauptet haben.

Die Pañcasiddhāntikā wurde herausgegeben und, zum grösseren Teile, erklärt und übersetzt von G. Thibaut und Mahāmahopādhyāya Sudhākara Dvivedī, Benares 1889. — Über V.M. vgl. die Einleitung zur P. S. und ŚBD.; ferner Kerns Einleitung zur Bṛhat-Saṃhitā, und die in der Note zu § 24 genannte Abhandlung Kharegats. Einen Beitrag zur Erklärung der P. S. enthält ferner die in der Note zu § 1 genannte Abhandlung von Burgess.

§ 35. Dritte Periode. — Śrīṣeṇa. Viṣṇucandra. — Die Periode Varāha-Mihiras und der Zeit, die ihn von Brahmagupta trennt, war offenbar durch eine lebhafte Thätigkeit auf astronomischem Gebiete ausgezeichnet; von den damals entstandenen Werken ist aber nur wenig erhalten. Besonders scheint es, dass damals mannigfache Versuche gemacht wurden, durch Verbesserung der älteren Siddhāntas in einzelnen Punkten und die Verquickung von Lehren, die verschiedenen Quellen entstammten, Lehrbücher zu schaffen, die den beobachteten Positionen der Himmelskörper besser entsprachen als irgend eines der älteren Werke, für sich selbst genommen; es wurden dabei öfters die Namen der älteren Werke beibehalten, obschon ihr Charakter durch die vorgenommenen Änderungen wesentlich modificirt wurde. Wir haben hier besonders Śrīṣeṇa zu nennen, der es sich zur Aufgabe machte, einen verbesserten Romaka-Siddhānta zu Wege zu bringen, und der daher vielfach irrig für den Verfasser des ursprünglichen Ro. Si. angesehen worden ist. Brahmagupta sagt von ihm, dass er die Regeln für die mittleren Bewegungen von Sonne, Mond und Planeten von Lāṭa borgte, die Regeln für die wahren Bewegungen von Āryabhaṭa und andere Dinge von Vijayanandin und dem Vāsiṣṭha-Siddhānta, so dass der Romaka-Siddhānta das Ansehen eines vielfach geflickten Gewandes annahm. Und in ähnlicher Weise wurde, nach Brahmagupta, der alte Vāsiṣṭha-Siddhānta von Viṣṇucandra behandelt. Da V.M. dieser Versuche, die alten Siddhāntas umzuarbeiten, keine Erwähnung thut, sind sie vermutlich in der Periode zwischen V.M. und Brahmagupta entstanden.

Über die etwa zwischen V.M. und Brahmagupta anzusetzenden Autoren vgl. Einl. zur P. S. und ŚBD.

§ 36. Dritte Periode. — Brahmagupta. — Der zunächst zu nennende Autor ist der schon öfters erwähnte Brahmagupta. Er nennt sich Sohn des Jiṣṇu und verfasste nach seiner eigenen Angabe seinen Brāhma Sphuṭa-Siddhānta im Jahre Śaka 550, als er dreissig Jahre alt war, unter der Regierung des Königs Vyāghramukha von Bhillamāla (Bhīnmāl im südwestlichen Mārvāḍ). Das Werk soll nach der Angabe späterer Commentatoren auf einen Paitāmaha-Siddhānta gegründet sein, welcher einen Teil des Viṣṇudharmottara-Purāṇa bildet. Dieser uns erhaltene Paitāmaha Siddhānta ist ein ganz kurzer in Prosa abgefasster Traktat, der allerdings die Hauptzüge des von Brahmagupta gelehrten Systems in conciser Weiser darstellt. Ob aber Brahmagupta wirklich aus diesem Werke schöpfte, erscheint sehr zweifelhaft; es macht mehr den Eindruck eines Auszugs aus dem Werke Brahmaguptas als den einer Quelle desselben. Mit dem von Varāha-Mihira dargestellten Paitāmaha-Siddhānta hat BrGs. Werk nichts zu thun, auch nichts mit dem Brāhma-Siddhānta, der auch Śākalya-Si. genannt wird. Der Sphuṭa-Siddhānta besteht aus 24 Adhyāyas und enthält 1008 Āryās. Er behandelt im ganzen die in den uns schon bekannten Werken dargestellten Dinge in der gewöhnlichen Ordnung. Wichtig sind die Abschnitte, die mathematischen Dingen gewidmet sind, worüber später. Einzig in seiner Art ist das 11. Kapitel, welches sich ausschliesslich mit der Kritik früherer Autoren befasst, darunter besonders des Āryabhaṭa; es ist dies, wie schon erwähnt, eine unserer Hauptquellen für die frühere Periode der wissenschaftlichen indischen Astronomie. Eine Neuerung gegen die uns schon bekannten Werke sind ferner die der Auflösung von astronomischen Problemen gewidmeten Kapitel. Das System Brahmaguptas unterscheidet sich nicht wesentlich von dem uns aus dem Sūrya-Siddhānta bekannten. Es hat allerdings viele einzelne Eigentümlichkeiten; in den meisten derselben schliesst sich Bhāskarācārya in seinem Siddhānta-Śiromaṇi an Brahmagupta an. Hier mögen erwähnt werden der Umstand, dass BrG. die Berechnungen der mittleren Planetenörter etc. vom Anfang des Kalpa an macht, nicht vom Anfang des Yuga oder Kaliyuga, und ferner die auffällige Thatsache, dass er die Präcession der Äquinoctien ableugnet. Dass dies in Indien in einer verhältnismässig so vorgerückten Periode möglich war, wirft ein wenig günstiges Licht auf die Befähigung der indischen Astronomen zu Beobachtungen. Bhāskara hat sich in diesem Punkte nicht an BrG. angeschlossen. Mit der Nichtanerkennung der Präcession hat S. B. Dīkṣit in scharfsinniger Weise die Thatsache in Verbindung gebracht, dass BrG. für die Länge des Jahres einen Wert angibt, der von dem des S. S. und anderer Werke einigermassen verschieden ist. Die numerischen Constanten des Systems weichen im allgemeinen mehr oder weniger von denen der früheren Werke ab. Die Gründe dieser Abweichungen sind im allgemeinen schwer zu erkennen, sie sind möglicher oder wahrscheinlicher Weise auf Beobachtungen gegründet; BrG. macht aber keine Mitteilungen, die uns befähigten, dies irgendwie zu controlliren. In einigen Punkten sucht BrG. altindische Anschauungen, die von seinen unmittelbaren Vorgängern beiseite gesetzt worden waren, zu rehabilitiren und mit den neueren Lehren in Einklang zu setzen. Trotz einzelner Defekte wird der Brāhma Sphuṭa-Siddhānta als das bedeutendste Werk der wissenschaftlichen indischen Astronomie bezeichnet werden müssen; es könnte ihm diese Stelle überhaupt nur von Bhāskara streitig gemacht werden; der letztere ist aber von seinem Vorgänger in dem Grade abhängig, dass er nicht als ebenbürtiger Rivale betrachtet werden kann. Der ganze astronomische Stoff wird von BrG. ausführlicher und methodischer behandelt als von irgend einem seiner Vorgänger; BrG. gibt die erste ausführliche Darstellung des indischen mathematischen Wissens und zeichnet sich durch Eleganz der Form aus. Seine Darstellung trägt dabei ein mehr individuelles Gepräge, als wir in indischen Werken anzutreffen gewohnt sind. — Der Br. Sph. Si. wurde commentirt von dem im 11. Jahrhundert lebenden Caturvedācārya Pṛthūdakasvāmin; bedeutende Teile wenigstens dieses wichtigen Commentars, der vielfach von Colebrooke benutzt wurde, sind erhalten.

Ein zweites von Brahmagupta herrührendes Werk ist ein Karaṇa, welches den Namen Khaṇḍakhādyaka trägt. Als Ausgangspunkt seiner Rechnungen ist Saka 587 angesetzt. Dieses Werk ist eigentümlicher Weise nicht auf das System des Sph. Si. basirt, sondern geht darauf aus — wie BrG. selbst am Anfange erklärt — Regeln zu geben, die in ihren Resultaten mit dem System des von Brahmagupta in seinem früheren Werke so vielfach bekämpften Āryabhaṭa übereinstimmen. Dies System ist aber nicht das uns aus dem erhaltenen Werke Āryabhaṭas bekannte, vielmehr stimmen die von BrG. im Kh. Kh. angewandten Elemente mit denen des uns aus der P. S. bekannten ursprünglichen Sūrya-Siddhānta überein — woraus sich, wie schon oben erwähnt, ergibt, dass Āryabhaṭa ein uns nicht erhaltenes Werk verfasst hatte, worin er sich genau an den alten S. S. anschloss. Das Kh. Kh. besteht aus zwei Teilen, in deren erstem, aus neun Abschnitten bestehendem, BrG. Regeln gibt, die sich genau an Āryabhaṭa anschliessen, während er in dem zweiten fünf Abschnitte enthaltenden Verbesserungen angibt, die nach seiner Ansicht nötig sind, um die nach Ā. Bhs. Methode gewonnenen Resultate mit den Beobachtungen in Einklang zu bringen. Zum Kh. Kh., das sich besonders in Kaschmir in Gebrauch erhalten zu haben scheint, existiren zahlreiche Commentare, darunter einer von Bhaṭṭotpala, dem bekannten Commentator des Varāha-Mihira.

Über BrG. vgl. besonders ŚBD. Vielfache Mitteilungen aus Brahmagupta und seinem Commentator finden sich in Colebrookes Essays. Das polemische Kapitel des Sphuṭa-Siddhānta wurde von A. Weber im Katalog der Berliner Sanskrit-Handschriften II, 293 ff. veröffentlicht, nach dem dortigen Manuscript. — Die mit dem Kh. Kh. verknüpften Fragen finden sich erörtert bei ŚBD.

§ 37. Dritte Periode. — Die Zeit zwischen Brahmagupta und Bhāskara. — Aus dem ziemlich langen Zeitraume zwischen Brahmagupta (7. Jahrhundert) und Bhāskara (12. Jahrhundert) sind uns verhältnismässig wenige astronomische Autoren bekannt. Lalla und der zweite Āryabhaṭa, die wahrscheinlich hierher fallen, sind schon oben erwähnt worden. Weiter ist zu nennen Muñjāla, der um Saka 854 ein kleines Laghumānasa genanntes Karaṇawerk verfasste, von welchem Handschriften erhalten sind. Paṇḍit Sudhākar Dvivedī weist darauf hin, dass in diesem Werk eine zweite Gleichung zur Berechnung der wahren Mondörter gelehrt wird; und Ś. B. Dikṣit bemerkt, dass Muñjāla der erste Verfasser eines nicht als inspirirt geltenden Lehrbuches ist, der die Thatsache der Präcession unzweifelhaft anerkennt. Einige Citate aus Muñjāla, die von späteren Autoren gemacht werden, finden sich nicht in dem erhaltenen Laghumānasa; vermutlich war er der Verfasser auch anderer Werke. Ś. B. Dikṣit identificirt, unzweifelhaft mit Recht, einen bei Albērūnī genannten Punchala, der ein kleines Mānasa verfasste, mit unserem Muñjāla; sein Werk soll nach Albērūnī ein Auszug aus einem grossen von Manu verfassten Mānasa sein. — Weiter ist hier zu nennen Bhojarāja — auch als Verfasser eines Commentars zu den Yogasūtren bekannt —, welcher um Śaka 964 ein Rājamṛgāṅka genanntes Karaṇawerk verfasste; ferner Brahmadeva, der um Śaka 1014 einen Karaṇaprakāśa schrieb; und Satānanda, von dem wir einen bekannten, Bhāsvatī betitelten, Karaṇa-grantha haben, der sich an den S. S. anschliesst und als Ausgangspunkt der Berechnungen Śaka 1021 hat.

Über Muñjāla siehe Ga. Ta. p. 19; ŚBD. p. 313; Sachau, Alberuni's India II, p. 307. — Über Bhojarāja s. Ga. Ta. p. 31; ŚBD. p. 238. — Über Brahmadeva s. Ga. Ta. p. 31; ŚBD. p. 240. — Über Satānanda s. Ga. Ta. p. 33; ŚBD. p. 243.

§ 38. Dritte Periode. — Bhāskarācārya. — Bhāskara ward im Jahre Śaka 1036 geboren. Wir haben von ihm, von mathematischen Werken abgesehen, zwei astronomische Werke, den Siddhānta-Siromaṇi und das Karaṇa-Kutūhala. Das erstere Werk geniesst bis auf den heutigen Tag grösseres Ansehen in Indien als irgend ein anderes astronomisches Werk, mit Ausnahme des Sūrya-Siddhānta, ein Ansehen, das insoweit wohlverdient ist, als der Si. Śi. das gesamte astronomische Wissen der Inder vollständiger und vielleicht klarer darstellt als irgend ein anderes Werk. Grössere Klarheit hat er unstreitig insofern, als die im gewöhnlichen Āryā-Metrum, in der allgemeinen Weise, concis abgefassten Regeln von einem ausführlichen Commentar in Prosa begleitet sind, Vāsanā-bhāṣya genannt, den Bhāskara selbst verfasst hat, und der von jeder metrischen Regel eine ausführliche Erklärung und den Beweis gibt. Wesentlich Neues ist allerdings auch bei Bhāskara nicht zu finden. Im ganzen lehnt er sich durchaus an Brahmaguptas Sphuṭa-Siddhānta an, welchem er vornehmlich alle numerischen Constanten, die Zahl der Umläufe der Planeten im Kalpa, die Grade des Umfangs der Epicyklen etc. etc. entnimmt. Die Verbesserungen für die mittleren Örter der Planeten sind dem in § 37 genannten Rājamṛgāṅka entlehnt; von eigenen Beobachtungen ist bei Bhāskara nichts zu finden. Einzelne neue Regeln und Methoden zielen darauf hin, die Resultate gewisser Berechnungen genauer zu machen, sind aber nicht von eingreifender Bedeutung. Die übersichtliche und elegante Behandlung des Stoffes ist jedenfalls das Hauptverdienst des Werkes. — Der Si. Śi. zerfällt in einen Graha-Gaṇitādhyāya und einen Golādhyāya, welch letzterer — wie in allen Werken gleicher Einteilung des Stoffes — die Richtigkeit der im Gaṇitādhyāya gegebenen Berechnungsregeln an der astronomischen Sphäre demonstrirt. Der Golādhyāya enthält ferner einen Praśna-Abschnitt — nach dem Vorbild Brahmaguptas —, in welchem schwierige astronomisch-mathematische Probleme gestellt und gelöst werden, einen Abschnitt über astronomische Instrumente (*yantrādhyāya*), einen Abschnitt über die Berechnung der trigonometrischen Sinus (*jyotpatti*) und als poetische Beigabe eine Beschreibung der Jahreszeiten (*ṛtuvarṇana*). — Das Werk enthält verhältnismässig wenige Beziehungen auf frühere Autoren; am häufigsten wird Lalla genannt, gegen den — wie oben bemerkt — Bhāskara durchgängig polemisirt. Der Si. Śi. wurde im Jahre Śaka 1072 abgefasst, das Karaṇa-Kutūhala 1105. Zu dem Siddhānta existiren eine Anzahl von Commentaren, unter denen die sog. Marīcī des Munīśvara hervorzuheben ist.

Über Bhāskara im allgemeinen s. ŚBD. 246 ff.; Ga. Ta. 34 ff.; Bāpu Deva Śāstrin, A brief Account of Bhāskara (JASB. 1893); Commentare zum Si. Śi., ŚBD. 252; Ga. Ta. 37. — Die besten Ausgaben des Si. Śi. sind die von L. Wilkinson, Calc. 1842; und die von Bāpu Deva Śāstrin, Benares 1866. — Der Golādhyāya wurde ins Englische übersetzt von L. Wilkinson und Bāpu Deva Śāstrin, Calc. 1861—62. — Das Karaṇakutūhala ist herausgegeben von Sudhākar Dvivedi, mit einem Commentar von demselben, Benares 1881.

§ 39. Muhammedanische Einflüsse. — Mahendrasūri, Makaranda, Jñānarāja, Gaṇeśa. — Bhāskaras Siddhānta-Siromaṇi ist das letzte Werk in grossem Stil, das völlig auf den traditionellen astronomischen Lehren beruht. Die bedeutende Thätigkeit auf astronomischem Gebiete, die sich von Bhs. Zeit bis auf die Gegenwart erstreckt, erhält einen neuen Zug dadurch, dass infolge der Eroberung eines Teiles Indiens durch die Muhammedaner die persisch-arabische Astronomie in Indien mehr oder weniger bekannt wurde und einige der späteren Werke beeinflusste. Im ganzen aber ist dadurch die indische Astronomie nicht wesentlich gefördert worden. Die traditionellen Lehren erhielten sich als die herrschenden bis auf die neueste Zeit, und diejenigen Werke, die sich von persisch-arabischem Wissen das meiste aneigneten, sind nicht im Stande gewesen, die altverehrten Bücher zu verdrängen. Eine bedeutende Anzahl von in dieser Periode verfassten Handbüchern zur Erleichterung von astronomischen Rechnungen begnügt sich völlig damit, die traditionellen indischen Kenntnisse zu verwerten. Wir können hier aus der ganzen Litteratur der Periode nur einige aus irgend einem Grunde wichtigere Leistungen hervorheben. Wir erwähnen zunächst ein Werk, welches interessant ist als das erste, das auf dem Einfluss arabisch-persischer Astronomie zu beruhen scheint. Im Jahr Śaka 1292 verfasste Mahendrasūri, Hof-Paṇḍit des Firoz Shāh Tughlak, ein »Yantrarāja« benanntes Werk, welches auseinandersetzt, wie alle Kreise der astronomischen Sphäre von einem der Pole des Äquators aus auf die Fläche des Äquators zu projiciren sind, eine durchaus ausserhalb des Gesichtskreises und der Fähigkeit der traditionellen indischen Astronomie liegende Aufgabe. Aus welchen Quellen der Verfasser seine Belehrung zog, ist nicht bekannt. Ein Commentar zu dem Werke wurde von Malayendusūri, einem Schüler des Verfassers, geschrieben. Text und Commentar wurden von Paṇḍit SUDHĀKAR DVIVEDI und ŚRI-LATTARA-ŚARMA, mit einem weiteren von dem ersteren verfassten Commentare herausgegeben, Benares 1883.

Ga. Ta. 48.

Im Jahr Śaka 1400 verfasste Makaranda in Benares ein zur leichten Berechnung des Pañcāṅga bestimmtes, aus Tafeln bestehendes Werk, das unter seinem Namen geht. Dasselbe schliesst sich durchaus an den S. S. an. Es erfreut sich noch heute einer grossen Beliebtheit und wird im nördlichen Indien allgemein von Astronomen und Astrologen benutzt, zusammen mit seinen Commentaren, einem von Divākara Daivajña verfassten Vivaraṇa und dem Udāharaṇa des Viśvanātha. Text und Commentare sind in verschiedentlichen lithographirten Ausgaben erschienen. Diejenigen Tafeln Makarandas, die zur Berechnung der wahren Örter von Sonne, Mond und Planeten dienen, sind (ohne Angabe der Quelle) von BENTLEY veröffentlicht im Appendix seines »Historical View of the Hindu Astronomy« (p. 173 ff.). Die Tafeln zur Berechnung der wahren Örter und Bewegungen von Sonne und Mond wurden auch von S. DAVIS gegeben in seinem Aufsatz »On the astronomical Computations of the Hindus« (As. Res. Vol. II). Die solare Tafel findet sich ebenfalls (entlehnt von DAVIS) bei WARREN, Kālasaṃkalita, Astronomical Tables p. 29. — Im Jahre Śaka 1425 verfasste Jñānarāja, der Sohn Nāganāthas, einen auf der Lehre des S. S. basirenden Siddhānta, welcher aus einem Golādhyāya und einem Gaṇitādhyāya besteht, mit den gewöhnlichen Unterabteilungen. Der Autor polemisirt gelegentlich gegen Bhāskara und sucht Anschauungen der Purāṇas zu rehabilitiren. Das Werk wurde commentirt von Cintāmaṇi, dem Sohne des Verfassers.

ŚBD. 267—71; Ga. Ta. 55—58.

Gaṇeśa, der Sohn des selbst als astronomischen Schriftstellers bekannten Keśava, verfasste im Jahre Śaka 1442 ein Karaṇawerk, Grahalāghava genannt, zur leichten Vollziehung der gewöhnlichen astronomischen Berechnungen. Dies Handbuch, das seine Elemente aus den verschiedenen älteren Siddhāntas auswählt, ist bis auf die heutige Zeit in allgemeinem Gebrauche geblieben, und man mag deshalb nach den aus seinen Regeln folgenden Resultaten beurteilen, wie weit es die indische Astronomie in der Genauigkeit der Berechnung gebracht hat. Bei ŚBD. findet sich (p. 262) eine Vergleichung der sich aus dem Grahalāghava ergebenden mittleren Längen der Himmelskörper zu Anfang des Śaka-Jahres 1442 mit den nach modernen Methoden berechneten, und (p. 414 ff.) eine allgemeine Vergleichung der Elemente des Hindu-Kalenders für die jetzige Zeit, wie sie aus den beiden genannten Autoritäten folgen. Das Grahalāghava hat es jedenfalls verstanden, die nach indischen Methoden auszuführenden Rechnungsprocesse in durchaus praktischer Weise zu vereinfachen, ohne dabei der Genauigkeit zu nahe zu treten; und seine Auswahl der astronomischen Elemente aus verschiedenen Autoritäten beruht offenbar auf einer sorgsamen Vergleichung der Resultate der verschiedenen Regeln mit der Beobachtung. Das Werk ist verschiedene Male veröffentlicht worden. Die Commentare sind bei SBD. angegeben, ebenda und in der Ga. Ta. die anderen, weniger bedeutenden, Werke Gaṇeśas.

ŚBD. 259—67; Ga. Ta. 58—63.

§ 40. **Nityānanda, Munīśvara, Kamalākara.** — Das von Nityānanda im Jahre Śaka 1561 verfasste, Siddhāntarāj betitelte, Werk zeigt die in indischen Werken auffallende Eigentümlichkeit, dass es nicht auf die siderischen sondern durchaus auf die tropischen Umläufe der Himmelskörper Bezug nimmt. Es beruft sich dafür auf den Romaka, worunter aber, wie es scheint, nicht der alte Romaka zu verstehen ist (der freilich auch, wie wir wissen, eine tropische Sphäre hatte), sondern im allgemeinen westliche Autoritäten.

ŚBD. 189; Ga. Ta. 101.

Im Jahre Śaka 1568 verfasste Munīśvara, der Sohn Raṅganāthas, des Commentators des S. S., einen, Siddhānta-sārvabhauma genannten, astronomischen Siddhānta und einige Jahre später einen Commentar dazu. Munīśvara folgte der Autorität Bhāskaras und wurde dadurch in eine heftige litterarische Fehde mit Kamalākara, dem Verfasser des Siddhāntatattvaviveka, verwickelt. Wir haben ausserdem von ihm, wie schon erwähnt, den besten der Commentare zum Siddhānta-Śiromaṇi, die sog. Marīcī, ein Werk von sehr bedeutendem Umfang.

ŚBD. 286; Ga. Ta. 91—94.

Der oben erwähnte Siddhāntatattvaviveka des Kamalākara darf wohl als das letzte bedeutende Werk der eigentlich indischen Astronomie betrachtet werden, insofern nämlich, als sein Verfasser — obschon mit der persisch-arabischen Astronomie vertraut und aus derselben vielfach, besonders Mathematisches, entlehnend — es sich zur Aufgabe macht, ein astronomisches System zu entwickeln, das wesentlich auf der Lehre des Sūrya-Siddhānta beruht, wobei er beständig gegen die Ansichten Bhāskaras polemisirt. Das im Jahre Śaka 1580 verfasste Werk von bedeutendem Umfange besteht aus 13 Kapiteln, welche die Astronomie in der herkömmlichen Einteilung abhandeln, und enthält viele interessante Einzelheiten, könnte aber nur mit genauer Bezugnahme auf die arabisch-persische Astronomie gewürdigt werden. Eine bei ŚBD. ausgezogene Liste von den Breiten verschiedener Localitäten enthält auch Samarkand.

Der Siddhāntatattvaviveka ist herausgegeben von Paṇḍit Sudhākar Dvivedī in der Benares Sanskrit Series. — Vgl. ŚBD. 287; Ga. Ta. 98.

§ 41. **Übersetzungen auf Befehl Jayasiṃhas von Jaypur.** — Im Jahre Śaka 1574 übersetzte Jagannātha, der Hof-Paṇḍit des Jayasiṃha, des Mahārāja von Jaypur, ein arabisches, Mijāstī betiteltes, astronomisches Werk in das Sanskrit, unter dem Titel Siddhānta-Samrāj. Ob das arabische Werk selbst eine Übersetzung oder Bearbeitung des grossen Werkes des Ptolemäus ist — wie man aus dem Namen vermuten könnte —, bin ich nicht in der Lage zu bestimmen, auch nicht mit welcher Genauigkeit sich der Siddhānta-Samrāj an seine Vorlage hält. Teile des Werkes wenigstens sind erhalten. Von demselben Jagannātha existirt eine Übersetzung des arabischen Textes von Euclids Elementen, von J. als Rekhāgaṇita bezeichnet, welche in verschiedenen Exemplaren erhalten ist. Jayasiṃha war ein eifriger Förderer der Astronomie und liess in verschiedenen Städten Nordindiens, darunter Jaypur, Delhi und Benares, astronomische Observatorien errichten, mit vielen in kolossalem Massstabe ausgeführten *Vorrichtungen zur Bestimmung der geographischen Breite* u. dgl., welche zum Teil bis auf die heutige Zeit wohl erhalten sind; die meisten derselben sind unzweifelhaft denen, welche die arabisch-persischen Astronomen anwendeten, nachgebildet; einige sollen von Jayasiṃha selbst erfunden sein.

ŚBD, 292 ff.; Ga. Ta. 102 ff.

§ 42. Schlussbemerkungen. — Aus der Zeit nach Jayasiṃha sind keine indischen astronomischen Werke von Bedeutung zu erwähnen. Die grosse Überlegenheit der persisch-arabischen Astronomie, die, wie wir sahen, hie und da bestimmt genug anerkannt wurde und in Sanskrit-Werken Ausdruck fand, hat doch schliesslich nicht dazu geführt, dass die altindischen Werke ihre Autorität verloren; die Berechnungen für den Kalender, die Bedürfnisse der Astrologen u. dgl., wurden nach wie vor nach den Methoden des S. S., des Siddhānta-Śiromaṇi und der auf diesen Texten beruhenden Handbücher gemacht. Wäre die arabisch-persische Astronomie die *einzige* geblieben, die auf die indische Wissenschaft ihren Einfluss ausübte, so hätte sie vielleicht letztere nach und nach mehr umgestaltet. Thatsächlich aber erschien ja seit Ende des vorigen Jahrhunderts ein neuer mächtigerer Rivale auf der Bühne, die europäische Wissenschaft, die infolge der englischen Herrschaft langsam aber stetig auf die indischen Ansichten von der Beschaffenheit des Weltgebäudes und der astronomischen Methoden einzuwirken begann. Es wird zwar noch lange dauern, ehe das Ansehen der alten Litteratur ganz aufhören wird, praktische Folgen zu haben; die alten Werke werden noch überall in Indien von den professionellen Jyotiṣīs studirt, auch von solchen, denen die Überlegenheit europäischer Methoden nicht unbekannt ist; und Rechnungen besonders astrologischer Natur werden noch vielfach ganz nach den alten Lehrbüchern ausgeführt. Die alte Form des Kalenders mit ihren Tithis u. dgl., welche fest mit den religiösen Gebräuchen und festlichen Observanzen der Hindus verwachsen ist, erhält sich ebenfalls. Freilich werden nun aber fast allgemein die Kalender auf Grund der genaueren europäischen Einsicht in die wahren Bewegungen der Himmelskörper berechnet; und die »*sāyana*«-Form des Kalenders, der das tropische Jahr zu Grunde liegt, beginnt vielfach an die Stelle der »*nirayana*« oder siderischen Form zu treten, infolge deren im Laufe der Jahrhunderte der Jahresanfang sich mehr und mehr vom Frühlingsäquinoctium entfernt hatte. An eine eigentliche Weiterbildung der theoretischen Astronomie auf Grundlage der alten indischen Litteratur ist natürlich nicht zu denken, dazu ist die Kluft zwischen letzterer und der europäischen Wissenschaft zu ungeheuer. Die Beschäftigung mit der alten Astronomie wird für wohlunterrichtete Hindus in der Zukunft ein Studium von nur historischem Interesse sein; als solches freilich hat es viele anziehende Seiten und bietet noch manches Problem dar, das zum Nachdenken und Weiterforschen anregt. Nur ist zu wünschen, dass solche Studien in wahrhaft historischem Geiste betrieben werden mögen, und dass nicht, wie sich vielfach hierzu im heutigen Indien eine gewisse Tendenz zeigt, die Erwägungen und Schlüsse mehr von patriotischen Gefühlen geleitet werden als von dem vorurteilslosen Streben nach Wahrheit.

ZWEITES KAPITEL. ASTROLOGIE.

§ 43. Einleitendes. — Zweige der Astrologie. — Wir haben schon mehrfach auf die nahen Beziehungen hingewiesen, in welchen die Astronomie in Indien zu allen Zeiten zur Astrologie gestanden hat. Es wäre zwar zu weit gegangen, wenn man behaupten wollte, dass die Astronomie in Indien überhaupt nur als eine Hilfswissenschaft der Astrologie anzusehen sei; denn einerseits war es ja unzweifelhaft in Indien wie anderswo das ganz praktische Bedürfnis eines geordneten Kalenders, das ursprünglich zu astronomischem Nachdenken anregte, und andrerseits haben wir schon oben darauf hingewiesen, dass wenigstens die bedeutenderen Astronomen sich aus der Sphäre praktischer Erfordernisse irgend welcher Art in die eines vorwiegend theoretischen Interesses an ihrer Wissenschaft erhoben haben. So viel ist freilich zuzugeben, dass die überwiegende Majorität derer, die sich in Indien dem Studium astronomischer Dinge widmeten, zu allen Zeiten von praktischen Erwägungen geleitet wurden — worunter wir auch den Wunsch begreifen, aus den Stellungen und Aspekten der Himmelskörper zukünftige Ereignisse zu erschliessen — und dass die letztere Rücksicht jedenfalls sehr viel dazu beigetragen hat, das Interesse an den Planetenbewegungen, die für den bürgerlichen wie religiösen Kalender wenig in Frage kamen, wach zu erhalten.

Das Aufmerken auf »Omina« und »Portenta« mannigfaltiger Art ist in Indien wie in anderen Ländern ein altes Element des Volksaberglaubens; einzelne Spuren davon finden sich in der Ṛk-Saṃhitā und zahlreiche in der Atharva-Saṃhitā. Weiteres hierauf Bezügliches findet sich in der Brāhmaṇa- und Sūtra-Litteratur, wofür wir besonders auf die von A. Weber edirten und übersetzten Stücke (Zwei vedische Texte über Omina und Portenta, 1859) verweisen. Ungemein zahlreiche Hinweise auf den Glauben an Vorzeichen aller Art begegnen uns weiterhin in der alten epischen und ebenso in der alten buddhistischen Litteratur; die letztere besonders bezeugt, dass es schon sehr frühe in Indien Leute gab, die sich mit der Beobachtung und Auslegung von Vorzeichen professionell beschäftigten.

Zum Behuf einer allgemeinen Orientirung über das schliesslich in verschiedenen Zweigen entwickelte astrologische Wissen der Inder halten wir uns zunächst an die Aussagen des uns schon als Astronomen bekannten Varāha-Mihira, von dem ebenfalls die am meisten bekannten Werke über Astrologie herrühren. V. M. lehrt in seiner Bṛhat-Saṃhitā, dass das Jyotiḥ-Śāstra aus drei Zweigen bestehe, nämlich dem *Tantra* genannten (d. h. dem rechnenden Teil, welcher unserer Astronomie entspricht, von den Indern in der Regel als Gaṇita bezeichnet), dem *Horā* genannten Zweig, welcher sich mit der Ermittelung des Horoskops beschäftigt, und einem dritten Teil, der von V. M. an dieser Stelle nicht näher bezeichnet, aber an anderen Stellen von ihm sowohl als weiteren Autoritäten *Śākhā* genannt wird. Die drei Zweige zusammen machen nach V. M. eine sogen. *Saṃhitā* aus. Bei V. M. selbst aber sowie bei anderen Schriftstellern wird der letztere Terminus in der Regel nicht zur Bezeichnung des ganzen Śāstra verwendet, sondern ist der Name für den dritten, oben Śākhā genannten Teil, welcher weder von rechnender Astronomie noch von Astrologie im engeren Sinne handelt, sondern von dem, was man natürliche Astrologie zu nennen pflegt, d. h. der Lehre von Vorzeichen, die sich aus natürlichen Vorfällen irgend welcher Art entnehmen lassen.

Die Einteilung des ganzen, Astronomie und Astrologie verschiedener Art umfassenden Wissens wird von Varāha-Mihira ausführlich im zweiten Kapitel der Bṛhat-Saṃhitā auseinandergesetzt. — Über Geschichte der indischen Astrologie im

Allgemeinen vgl. besonders Kerns Einleitung zur Bṛhat-Saṃhitā; ŚBD.; Webers Akad. Vorles. über ind. Literaturgesch.; und die zu den folgenden Paragraphen genannten Abhandlungen Webers und Jacobis.

§ 44. Saṃhitā. — Während dasjenige astrologische Wissen, das sich mit dem Horoskop beschäftigt, als nicht indischen Ursprungs anzusehen ist, erscheint der sogen. Saṃhitā-Zweig der Astrologie als ein durchaus einheimisches Gewächs. Wir können im Allgemeinen sagen, dass während eben des Zeitraumes, mit dem die zweite Stufe der indischen Astronomie in Verbindung steht — und dessen Grenzen, besonders nach oben hin, wir nicht in der Lage waren genau zu bestimmen — sich in Indien eine bedeutende Litteratur entwickelte, die darauf ausging, eine vollständige Darstellung des Wissens von natürlichen Vorzeichen aller Art zu geben. Dass diese Pseudowissenschaft durchaus indischen Ursprungs ist, erhellt aus ihrer eigentümlich indischen Färbung, und wird ausserdem dadurch bestätigt, dass das in Werken dieser Art vorausgesetzte Wissen durchaus das der zweiten astronomischen Periode ist, welches wir weiter oben als das national indische bezeichnet haben. Es ist die Lehre vom fünfjährigen Yuga, die uns auch hier entgegentritt. Die Einteilung der Sphäre ist durchaus die in Nakṣatras, und was von den Bewegungen der Planeten bekannt ist, hat einen durchaus unwissenschaftlichen Charakter. Mit den zahlreichen Autoren, die auf diesem Gebiet der Astrologie thätig gewesen zu sein scheinen, sind wir allerdings — mit einer gleich zu nennenden Ausnahme — nur durch Erwähnungen und Citate bei Varāha-Mihira und seinem Commentator bekannt; letzterer aber besonders enthält viele, oft recht umfangreiche, Stellen aus einer Reihe älterer Autoritäten wie Garga, Vṛddha-Garga, Devala, Parāśara u. s. w. (vgl. die Aufzählung von V. Ms. Vorgängern bei Kern, Einleitung zur Ausgabe der Bṛ. Saṃh. p. 29). Vṛddha-Garga, dessen Werk (Vṛddha-Garga-Saṃhitā oder Vṛddha-Gārgīya genannt) schon oben (§ 21) als astronomisch interessant genannt wurde, ist der einzige Autor, der aus dieser Periode auf uns gekommen ist. Auf Grund von Anspielungen auf historische Ereignisse, die in einem seiner Kapitel vorkommen — in der Form von Prophezeihungen künftiger Dinge — ist Kern geneigt, den Ursprung des Werkes im ersten vorchristlichen Jahrhundert anzusetzen (Bṛ. Saṃh. Ed. Preface p. 35 ff.).

Über den inneren Charakter dieses Litteraturkreises belehren wir uns am besten aus der Bṛhat-Saṃhitā des schon so oft genannten Varāha-Mihira. Dieser Autor gehört als Astronom der wissenschaftlichen Periode an; sein Saṃhitā-Werk dagegen bildet den litterarischen Abschluss einer Entwickelung auf astrologischem Gebiet, welche durchaus der vorwissenschaftlichen Periode angehört. Wie schon bemerkt (§ 19), hat er leider in allen astronomischen Dingen, die in der Bṛhat-Saṃhitā in Frage kommen, die alte Überlieferung fallen lassen und uns so eine Quelle der Belehrung über die Astronomie der zweiten Periode verschlossen; auf astrologischem Gebiete dagegen darf er wohl als ein im Ganzen treuer Repräsentant der alten Ansichten angesehen werden, obschon er etwas zu sehr über dem von ihm behandelten Stoffe steht. Jedenfalls verdanken wir ihm die Kenntnis einer Masse alten Glaubens und Aberglaubens; sein Werk ist in dieser Beziehung eines der interessantesten der indischen Litteratur. Die ersten — und wichtigsten — 39 Kapitel des (im Ganzen 107 Kapitel umfassenden und in eleganten Āryās geschriebenen) Werkes handeln von natürlicher Astrologie im engeren Sinne, d. h. von all den Vorbedeutungen, welche man aus solchen Naturphänomenen ziehen kann, auf die sich etwa der griechische Terminus τὰ μετέωρα anwenden liesse, Dinge, die sich am Himmel und in der Atmosphäre zutragen: Aspekte der Sonne, des Mondes und der Planeten, der Nakṣatras, der sieben Ṛṣis und des Agastya (Canopus); Kometen; Meteore; Wolken, Winde und Regen; Regenbogen, Fata Morgana u. dgl.; dazu auch Erdbeben. Die Kapitel über die Planeten enthalten manches Interessante, Halbastronomische, so die auch aus älteren Autoritäten bekannte Einteilung des Kreises der Nakṣatras in neun »Pfade« (*vīthī*), welche nach Tieren benannt sind: »Schlange«, »Elephant«, »Ochs«, »Kuh« u. s. w., die Unterscheidung von verschiedenen Phasen in den Planetenbewegungen, die verschiedenen Aspekte der rückläufigen Bewegung des Mars, und Ähnliches. Die Omina hängen meist von der Verbindung der Himmelskörper mit den verschiedenen Nakṣatras ab. Die älteren Autoren auf diesem Gebiete wie Vṛddha-Garga erwähnen die Zeichen des Zodiaks gar nicht; doch gab es offenbar schon vor V. Ms. Zeit Astrologen, welche die alten Regeln mit Bezug auf den Zodiak umgearbeitet hatten. Die Omina sind in der Regel von der Art, dass bestimmte Aspekte Heil oder Unheil mannigfaltiger Art — und zwar in der Regel das letztere — für gewisse Teile des Bharata-varṣa oder gewisse Classen seiner Einwohner vorausbedeuten; die Könige besonders erscheinen beständig in tausendfältiger Weise bedroht, und die verschiedenen Länder in ewiger Gefahr von Hungersnot. Die Nennung von zahlreichen Ländern, Völkern, Flüssen u. dgl. (Fleet, Ind. Ant. XXII, p. 169 ff.) gibt diesen Kapiteln auch ein geographisches Interesse. — Für den Inhalt der folgenden Kapitel des Werkes ist es nicht möglich, eine zusammenfassende Bezeichnung zu finden; sie handeln wirklich von allem Möglichen, und die Gegenstände folgen aufeinander in bunter Planlosigkeit. Einige Abschnitte handeln wieder von Omina verschiedener Art, besonders den aus Vogel- und anderen Tierstimmen abzuleitenden; andere geben an, von welcher Art und Beschaffenheit Hausgeräte, Edelsteine, Waffen, Haustiere u. s. w. sein müssen, um ihren Besitzern Glück zu bringen; weitere handeln von Wohlgerüchen und Heilmitteln; andere wieder geben Regeln für die Dimensionen und die Errichtung von Gebäuden verschiedener Art, für die Verfertigung und Aufstellung von Götterbildern, für die Auffindung von Wasserquellen und Ähnliches mehr.

Das noch nicht edirte und leider nur in ganz ungewöhnlich corrupten Handschriften erhaltene Vṛddha-Gārgīya, eine der Quellen Varāha-Mihira's, handelt im Ganzen von denselben Gegenständen wie die Bṛhat-Saṃhitā; doch macht es einen bedeutend altertümlicheren Eindruck. Eine Bearbeitung dieses Werkes wäre für die Geschichte astronomischer und astrologischer Ideen in Indien von grosser Bedeutung.

Unser Wissen von Saṃhitā beruht, wie gesagt, wesentlich auf Varāha-Mihiras Bṛihat-Saṃhitā. Dieselbe wurde herausgegeben von H. Kern (Bibl. Ind. 1865). In den Jahren 1895—97 erschien in der Vizianagram Sanskrit Series eine neue Ausgabe dieses Werkes mit dem ganzen seiner Citate wegen so wichtigen Commentar des Bhaṭṭotpala, besorgt von Paṇḍit Sudhākar Dvivedī. Der wichtigere Teil der Bṛ. Saṃh. wurde übersetzt von H. Kern (im JRAS. New Series, vol. IV ff.) mit wertvollen Auszügen aus dem Commentar. Wir haben ausserdem eine vollständige Übersetzung von Chidambaram Jyer, Madura 1884. — In der Einleitung zu Kerns Ausgabe finden sich die Vorgänger V. Ms. auf diesem Gebiete besprochen, darunter Vṛddha-Garga. — Vgl. ferner über dies Gebiet den Saṃhitāskandh in ŚBDs. Werk (p. 467 ff.). — Aus der Zeit nach V. M. haben wir keine weitere eigentliche Saṃhitās; doch enthalten viele von den in den nächsten Paragraphen zu nennenden Muhūrta-Werken dahin Einschlägiges. Ein Werk von durchgängigem Saṃhitā-Charakter ist der von Ballālasena (Śaka 1090) abgefasste Adbhuta-sāgara (Ga. Ta. p. 42; ŚBD. p. 475).

§ 45. Yātrā. — Vivāha. — Muhūrta. — Einen besonderen Nebenzweig der Astrologie bildet bei V. M. die Yātrā oder Yoga-Yātrā, welche von allen den Vorzeichen handelt, die ein in den Krieg ziehender Fürst zu beobachten hat. Dieser Zweig der Astrologie steht in nahem Zusammenhang mit den in der Saṃhitā behandelten Gegenständen, ist aber gleichzeitig von den Ideen beeinflusst, die die Jātaka-Astrologie beherrschen, betreffs der Einwirkung der Planeten, je nachdem sie in den astrologischen Häusern stehen, u. s. w. — Eine ähnliche Stellung hat das von V. M. ebenfalls besonders behandelte Vivāha-paṭala, welches von der Feststellung der günstigsten Zeit für Hochzeiten, überhaupt von allen dieselben berührenden Vorzeichen handelt.

In der Zeit nach Varāha-Mihira hat sich als ein gewissermassen neuer Zweig der Astrologie diejenige Gattung von Schriften entwickelt, die man unter dem Namen »Muhūrta« begreifen kann, und die hauptsächlich von der Feststellung günstiger Zeitpunkte für all die verschiedenen Vorkommnisse und Geschäfte des Lebens handelt. Die darin gegebenen Regeln beziehen sich auf die religiösen Ceremonien des Familienlebens, auf Hochzeit, Reisen, Königsweihe und Ähnliches. Die fortwährende genaue Rücksichtnahme auf günstige Momente bildet bis auf die Gegenwart ein hochwichtiges Element im Denken und Leben der Hindus; die sich damit befassenden Werke sind demgemäss zahlreich, und viele davon stehen in hohem Ansehen.

V. M. hat über Yoga-Yātrā ein längeres und ein kürzeres Werk abgefasst; das erstere ist herausgegeben und übersetzt von H. Kern (Ind. Stud. X u. XIV). — V. M. hat ebenfalls ein Bṛhad-Vivāha-paṭala und ein Svalpa-Vivāha-paṭala verfasst. — Über die umfangreiche Muhūrta-Litteratur finden sich ausführliche Angaben bei ŚBD. p. 469 ff., und passim in der Ga. Ta. — Es mögen hier erwähnt werden die Muhūrta-ratnamālā des Śrīpati (Śaka 961), das Muhūrta-tattva des Keśava (Śaka 1420), der Muhūrta-mārtaṇḍa des Nārāyaṇa (Śaka 1493), der Muhūrta-cintāmaṇi des Rāmabhaṭṭa (Śaka 1522). — Von vielen Muhūrta-Werken sind lithographirte Ausgaben erschienen.

§ 46. Horā. — Ursprungsfrage. — Tājika. — Der *horā* oder *jātaka* genannte Teil der indischen Astrologie, welcher von den aus dem sogen. Horoskop abzuleitenden Vorbedeutungen handelt, kann insofern nur geringeres Interesse beanspruchen, als er nicht wie die Saṃhitā auf indischem Boden erwachsen ist. Dass er nämlich nichts weiter ist als eine Adaptation der griechischen Astrologie, ist evident und erhellt schon aus der grossen Anzahl von technischen Ausdrücken griechischen Ursprungs, von denen einige, wie *āpoklima*, das griechische Wort ganz unverändert darbieten und andere in nur ganz gering modificirter Form (*kemadruma* = κενόδρομος, *paṇaphara* = ἐπαναφορά u. s. w.). Diese Termini finden sich in den Schriften Varāha-Mihiras, dem Bṛhaj-Jātaka und dem Laghu-Jātaka, von welchen das erstere das am meisten bekannte und am eifrigsten studirte Werk dieser ganzen Litteraturgattung ist. Der Inhalt dieser Werke entspricht ganz dem der analogen griechischen: sie beschäftigen sich wesentlich mit den Folgerungen, die aus den Stellungen der Himmelskörper im Augenblicke der Geburt eines Menschen für seine Lebensschicksale gezogen werden können. Es ist im ganzen dieselbe Lehre, welche, in ihren Grundzügen unzweifelhaft babylonischen Ursprungs, durch Vermittelung der Griechen allen anderen westlichen Nationen mitgeteilt wurde, das ganze Mittelalter beherrschte und auch heute noch im Westen nicht ganz ausgestorben ist. Wir begegnen in den indischen Werken denselben künstlichen Einteilungen des Zodiaks, denselben Grundbegriffen über die Natur der verschiedenen Planeten und ihres Einflusses. Es fehlt noch an detaillirten Untersuchungen auf diesem Gebiete; es scheint aber nicht, dass die Inder dem von den Griechen überkommenen Stoffe und den üblichen Methoden etwas wesentlich Neues hinzugefügt haben.

Es erhebt sich hier wieder die Frage, um welche Zeit die Mitteilung dieser Disciplin vom Westen nach Indien erfolgt sein mag. Man denkt natürlich zuerst daran, dass die westliche Astrologie zugleich mit der westlichen Astronomie in Indien Eingang gefunden habe, und dies wird auch wohl

im Allgemeinen der Fall gewesen sein; wir sahen uns aber genötigt, es dahin-
gestellt zu lassen, in welchem Jahrhundert die astronomische Doctrin, auf
der die wissenschaftlichen Siddhāntas beruhen, den Indern bekannt wurde.
H. Jacobi ist zu dem Schlusse gekommen, dass die indische Astrologie in
der Ausbildung, die uns in Varāha-Mihiras Werken vorliegt, einer ziemlich
späten Stufe der westlichen Astrologie entspricht, derjenigen nämlich, die
uns zuerst in Firmicus Maternus (um die Mitte des 4. nachchristlichen Jahrhunderts) entgegentritt; er beruft sich dabei vornehmlich auf die Lehre von
den zwölf astrologischen Häusern, welche ein Hauptpunkt im indischen
Systeme ist, unter den westlichen Autoritäten aber nicht früher als bei dem
genannten Schriftsteller auftritt. Die griechische Astrologie könne demnach
erst in der Periode zwischen Firmicus Maternus und Varāha-Mihira in Indien
Eingang gefunden haben. — Dagegen weist Ś. B. Dīkṣit darauf hin, dass, wie
wir aus V. M. selbst ersehen, schon vor seiner Zeit eine bedeutende Anzahl
von Schriftstellern in Indien auf dem Gebiete der Astrologie thätig gewesen
waren, darunter einige, welche die spätere Zeit als Ṛṣis ansah, und schliesst
daraus — in Verbindung mit anderen Indicien specieller Art, auf die hier
nicht eingegangen werden kann — dass wir für die Entwickelung der Astrologie in Indien eine Periode von nicht weniger als etwa 800 Jahren anzusetzen haben. Es knüpft sich daran natürlich die Behauptung, dass auch
der Jātaka-Zweig der indischen Astrologie seinem Ursprung und seinem
wesentlichen Inhalte nach ein durchaus einheimisches Product sei, und dass
das Vorkommen von griechischen Worten u. dgl. seinen Grund in einer späteren,
nicht wesentlichen Beeinflussung der indischen Disciplin vom Westen aus habe,
so dass sich Ś. B. Dīkṣit den Verlauf der Dinge auf astrologischem Gebiete
dem von ihm in der Astronomie vermuteten als wesentlich analog vorstellt. —
Diese ganze Hypothese erscheint aus naheliegenden Gründen sehr wenig wahrscheinlich; es muss aber eine genauere Durchforschung des für die Geschichte
der indischen Astrologie vor V. M. vorliegenden Materials vorgenommen werden, ehe man zu einem abschliessenden Urteil über die Zeit der Einführung
der griechischen Lehren in Indien gelangen kann. Was die angeblich von
Ṛṣis verfassten astrologischen Werke betrifft — von denen einige erhalten
und auch veröffentlicht sind — so steht es damit nicht zum besten. Es gibt
eine Laghu-Pārāśarī und eine Bṛhat-Pārāśarī über Jātaka; aber Ś. B. Dīkṣit
weist selbst darauf hin, dass Bhaṭṭotpala erklärt, er habe Parāśaras Werk nicht
zu Gesicht bekommen. Die dem Jaimini zugeschriebenen, in Prosa abgefassten
Sūtren über Jātaka werden weder bei V. M. noch bei Bhaṭṭotpala erwähnt
und enthalten griechische *termini technici*. Eine astrologische Bhṛgu-Saṃhitā
von enormem Umfang war ebenfalls dem V. M. und seinem Commentator
unbekannt. Indessen ist nicht zu bezweifeln, dass dem V. M. wirklich Jātaka-
Texte vorlagen, die schon damals als von Ṛṣis stammend angesehen wurden.
Unter den ihm bekannten Jātaka-Autoritäten, die nicht als Ṛṣis gelten, ist
ein Yavanācārya zu bemerken; und Bhaṭṭotpala bezieht sich auf einen
Yavaneśvara Sphujidhvaja.

Von der Zeit Varāha-Mihiras an haben wir eine ziemlich umfangreiche
Jātaka-Litteratur. Von dem Sohne V. Ms., Pṛthuyaśas, existirt ein Ṣaṭpañcā-
śikā betiteltes Jātaka-Werk. Die nennenswertesten späteren Werke, denen im
Allgemeinen aber nur ganz geringes Interesse zuzusprechen ist, finden sich in
der Gaṇaka-Taraṅgiṇī und bei Ś. B. Dīkṣit angegeben.

In Folge der muhammedanischen Herrschaft in Indien erscheinen später-
hin, analog dem, was wir in der Geschichte der Astronomie sahen, astrologische
Schriften, die auf arabisch-persischen Quellen beruhen: Tājika ist der specielle
Name für diese Classe von Werken, welche viele astrologische Termini ara-

bischen Ursprungs enthalten. Zu dieser Classe gehört das Hāyanaratna des Balabhadra (Śaka 1577).

Die Frage nach dem Charakter und dem Ursprung der Jātaka-Astrologie findet sich erörtert bei Jacobi, De astrologiae Indicae 'Horā' appellatae originibus; SBD. im Jātakaskandh seines historischen Werkes (p. 477 ff., vgl. auch p. 517); Weber, Zur Geschichte der Indischen Astrologie (Ind. Stud. II); vgl. auch Colebrookes »Communication of the Hindus with Western Nations on Astrology and Astronomy« (in seiner »Algebra etc. from the Sanskrit«), wieder abgedruckt Misc. Ess., New Ed. II, 474 ff. Über Vorgänger V. Ms. s. Max Müller, India what can it teach us? p. 323 ff. Über ein altes MS. des Yavana-Jātaka (mit Erwähnung des »Sphūrji-dhvaja«) vgl. Hara Prasād Śāstrin, Notes on Palmleaf MSS. (JASB. vol. 66, p. 311). Das Bṛhaj-Jātaka des Varāha-Mihira mit Bhaṭṭotpalas Commentar, und sein Laghu-Jātaka liegen in lithographirten Ausgaben vor. Text und Übersetzung des letzteren wurden gegeben für die zwei ersten Kapitel von Weber, für Kapitel 3—12 von Jacobi, in den beiden obengenannten Publicationen. Eine Übersetzung des Bṛhaj-Jātaka gab *Chidambaram Iyer*, *Madras 1885*. — Über Tājika vgl. besonders die genannte Abhandlung Webers.

DRITTES KAPITEL. MATHEMATIK.

§ 47. Einleitendes. — Wenn wir von der Astronomie der Inder zur Betrachtung ihrer Mathematik übergehen, so erhalten wir einen charakteristisch verschiedenen Eindruck. Die Astronomie erscheint uns prima facie als durchaus fremdartig. Die ältere Stufe derselben, die wir als die eigentlich indische bezeichnet haben, ist so primitiv und zugleich so phantastisch, dass sie unseren modernen Anschauungen völlig fern liegt. Was uns an der jüngeren Stufe — wie sie im Sūrya-Si. und ähnlichen Werken vorliegt — zuerst auffällt, ist die seltsame Art der Darstellung und Methode, die Anwendung ungeheurer Perioden u. dgl.; und wenn wir durch diese Hülle auf den Kern dringen, so tritt uns ein System entgegen, das mit dem Ptolemäischen etwa auf derselben Stufe steht und uns daher eben so veraltet erscheint wie das letztere. In ganz verschiedener Weise fühlen wir uns berührt, wenn wir mit dem mathematischen Wissen der Inder bekannt werden, wie es in den Schriften Brahmaguptas und Bhāskaras dargestellt ist. Abgesehen von der änigmatisch concisen Form, in der uns hier, ebenso wie auf allen anderen Gebieten indischer wissenschaftlicher Darstellung, die Regeln vorgelegt werden, finden wir uns auf ganz bekanntem Boden; und dies Gefühl intellectueller Verwandtschaft wird nur erhöht, wenn wir die indischen Kenntnisse mit dem von den Griechen auf demselben Gebiete Geleisteten vergleichen. Die Geometrie der Inder ist freilich gering entwickelt und kann sich weder an Ausdehnung, noch Tiefe, noch Methode irgendwie mit dem bewundernswerten Gebäude griechischer Geometrie messen; sie ist aber insofern der modernen Geometrie verwandt, als sie mit Vorliebe mit arithmetischen und algebraischen Ideen operirt. Ferner besitzen die Inder seit alter Zeit ein hochausgebildetes Rechensystem, das sie befähigt, die verschiedenen arithmetischen Operationen bis zum Ausziehen von Quadrat- und Cubikwurzeln ebenso leicht zu vollziehen, wie wir heutzutage hierzu im Stande sind — ein Umstand, der natürlich im Grunde darauf beruht, dass unser modernes System, Zahlen zu schreiben, den Indern bekannt war und von ihnen auf uns gekommen ist. Dazu kommt weiter die hohe Stufe der Entwickelung, welche die Algebra bei den Indern erreicht hat — eine Stufe, die weit über das von Diophant Geleistete hinausgeht. Auch hier sind ja die Inder, durch Vermittelung der Araber, die Lehrer der modernen europäischen Nationen gewesen. Es mag schliesslich hier noch gleich die vereinzelte, aber doch interessante Thatsache erwähnt werden, dass die freilich sehr rudimentäre Trigonometrie der Inder den Sinus verwendet, an Stelle der von den Griechen ausschliesslich benutzten Sehne. All dies im Verein erklärt natürlich zur Genüge, warum uns die Mathematik der Inder so wesentlich modern anmutet.

§ 48. Hohe Zahlen. — Ziffernsysteme. — Wir wissen nur wenig von der Entwickelung des mathematischen Wissens bei den Indern; und es empfiehlt sich daher, zuerst die schliesslich von ihnen erreichte Stufe desselben darzustellen und dann das beizufügen, was von etwaigen Vorstufen uns bekannt geworden ist. Einige Punkte allgemeinerer Art erfordern hier zunächst unsere Aufmerksamkeit.

Es möge zuerst auf die Leichtigkeit hingewiesen werden, mit der die Inder von Alters her grosse Zahlen handhabten, und auf die daraus zu folgernde Schärfe ihres Einblickes in das Zahlensystem. Das Zahlensystem der Inder ist, wie das der anderen indo-europäischen und überhaupt fast aller Völker, ein decimales: d. h. »zehn« bildet den Schlusspunkt der Reihe von primären von einander unabhängigen Zahlwörtern, während höhere Zahlen durch Wörter bezeichnet werden, deren Form andeutet, dass diese Zahlen angesehen werden entweder als entstanden aus einer Addition zu 10 oder als Producte von 10. Weiterhin werden dann, offenbar zu grösserer Leichtigkeit des Ausdruckes, gewisse Stufenzahlen, wie 10×10, $10 \times 10 \times 10$, durch eigene neue Wörter bezeichnet: »hundert«, »tausend«. Während aber die anderen indo-europäischen Sprachen in dieser Verwendung von eigenen Bezeichnungen für höhere decimale Stufenzahlen nicht weit gegangen sind (die germanischen Sprachen z. B. und das Lateinische nur bis 1000, das Griechische bis 10000 — wir sehen hier ab von ganz modernen Bildungen wie »Million«), besitzen die Inder schon in ganz alter Zeit eine lange Reihe selbständiger Wörter für die höheren Potenzen von 10 — *lakṣa* (= 100000), *prayuta*, *koṭi* u. s. w. Reihen solcher Ausdrücke — wobei die Einzelheiten freilich mehrfache Abweichungen zeigen — finden sich schon in den Mantras der Saṃhitās und in den Brāhmaṇas; das Mahābhārata zählt solche Termini bis zum Ausdrucke von 100000 Billionen auf, und spätere Werke gehen darin noch viel weiter. In analoger Weise finden sich schon ganz frühe in den Brāhmaṇas und Sūtras besondere Termini für weit herabgehende Bruchteile der Zeit: so werden z. B. im Śatapatha-Brāhmaṇa eigene Namen für $\frac{1}{15}, \frac{1}{15 \times 15}, \frac{1}{15 \times 15 \times 15}, \frac{1}{15 \times 15 \times 15 \times 15}$ eines Muhūrta ($= \frac{1}{30}$ der Tagnacht) angegeben. Dass die Bildung von eigenen Wörtern für ungeheuer grosse Zahlenwerte auf der einen und für verschwindend kleine Zeitbrüche auf der anderen Seite — für welche beide es keine reale Verwendung gab — in gewissem Sinne eine müssige Spielerei ist und als eines der zahlreichen Indicien der Masslosigkeit indischer Phantasie angesehen werden kann, ist zuzugeben; ebenso ist aber anzuerkennen, dass das Spielen mit solchen Begriffen und Bezeichnungen eine ungemeine ideelle Beherrschung des ganzen Zahlengebietes beweist, und dass zugleich die indische Eigentümlichkeit, jede höhere Zahl der Zahlenreihe für sich aufzufassen — anstatt in griechisch-römischer Weise mehrere Zahlen in Gruppen zusammen zu nehmen — den Weg zur Positionsarithmetik wesentlich erleichterte. Archimedes, in seinem Arenarius, fand es der Mühe wert, nachzuweisen, dass sich die Zahl der Sandkörner, aus denen der Erdball besteht, nicht vermittelst der den Griechen zu Gebote stehenden Zahlbezeichnungen ausdrücken lasse. Wir können nicht zweifeln, dass etwa einem indischen Zeitgenossen des Archimedes die Möglichkeit eines solchen Ausdruckes als etwas ganz Selbstverständliches erschienen sein würde.

Der nun zunächst zu bemerkende Punkt ist die frühzeitige Ausbildung des Stellungs- oder Positions-Ziffernsystems bei den Indern — wonach die Stelle eines Zahlzeichens in einer Gruppe den decimalen Stufenrang desselben sofort bezeichnet. Dass das heutzutage von allen civilisirten Nationen angewendete Ziffernsystem indischen Ursprungs ist, kann nicht bezweifelt werden; keine andere Nation erhebt einen Anspruch auf seine Erfindung, sondern die Nachrichten über den Ursprung des Systems, die sich bei den Nationen des westlichen Asiens finden, weisen übereinstimmend nach Indien hin. Dass Zahlzeichen schon im zweiten nachchristlichen Jahrhundert von Indien nach dem Westen drangen, ist höchst wahrscheinlich; doch fehlt unter den westlichen Zeichen dieser Zeit noch die Null, ohne welche das Positionssystem natürlich durchaus unvollkommen ist. Das Vorkommen der Null in Indien ist inschriftlich erst aus dem 8. Jahrhundert bezeugt; die Rechenregeln aber, welche der um 500 n. Chr. schreibende Āryabhaṭa gibt, setzen den Gebrauch der Null bereits als etwas Selbstverständliches voraus. Letzterer Umstand scheint die älteste sichere Evidenz für das Bestehen des vollständig ausgebildeten Stellensystems zu geben (das Alter des später zu erwähnenden Rechenbuches von Bakhshālī, welches ebenfalls das Stellensystem anwendet, ist nicht sicher bestimmt). Sehr viel älter als etwa Āryabhaṭa ist die Erfindung des Stellensystems wohl kaum anzusetzen, da es sonst nicht erklärlich wäre, warum in den in Brāhmī-Schrift abgefassten Inschriften und Münzlegenden sich erst von ca. 590 n. Chr. an Spuren des decimalen Stellensystems neben einer älteren Weise der Zahlenbezeichnung antreffen lassen. Diese ältere Bezeichnung hat eigene Zeichen für die Einer von 1—9, die Zehner von 10—90, und für 100 und 1000; die dazwischen liegenden und ebenso die höheren Zahlen werden durch Gruppen und Verbindungen der Grundzeichen ausgedrückt. Ausführlich findet sich dies System dargestellt im elften Heft des ersten Bandes dieses Grundrisses von Bühler, welcher sich dort der Ansicht Burnells anschliesst, dass seine Elemente aus Ägypten entlehnt seien. Ein in analoger Weise verfahrendes System der Zahlenbezeichnung hat sich bis auf neuere Zeit in Ceylon erhalten. Die Einzelheiten über ein besonderes System, welches in den Kharoṣṭhī-Inschriften der Śakas und anderer Herrscher (aus den um den Beginn der christlichen Āra liegenden Jahrhunderten) angewendet wird, sind ebenfalls bei Bühler nachzusehen; das Charakteristische ist hier die Darstellung der über 4 liegenden Einer durch Verbindungen der Zeichen von 1—4, und der über 20 liegenden Zehner durch Verbindungen der Zeichen für 10 und 20; die letztere Eigentümlichkeit besonders weist auf aramäischen Ursprung des Systemes hin.

Erwähnt muss hier ferner werden die ebenfalls schon von Bühler (S. 80 ff.) behandelte Methode der symbolischen Bezeichnung von Zahlen durch die Namen solcher Dinge, die entweder in Wirklichkeit oder nach der Theorie der Inder in bestimmten numerischen Gruppen vorkommen: so wird z. B. das Wort »Auge« für »zwei« gebraucht und das Wort *ṛtu* »Jahreszeit« für »sechs«. Spuren dieses Gebrauches finden sich schon in den Sūtras; das ausgebildete System dient dem Zwecke, irgend welche Zahlen so auszudrücken, dass sie in metrische Werke eingerückt werden können, ohne das Metrum zu stören. Es wird dies möglich durch die vielfachen Synonyme, welche die Sanskritsprache für die meisten Wörter darbietet. Ein weiterer Vorteil dieser Bezeichnungsweise ist, dass sie grosse Zahlen sicherer stellt als die gewöhnlichen Ziffern, von denen leicht einige ausgelassen oder verschrieben werden können.

Wir gedenken schliesslich des künstlichen von Āryabhaṭa angewendeten Systems der Zahlenbezeichnung. Āryabhaṭa verwendet die Consonanten des Nāgarī-Alphabets, um selbständige Zeichen für die Zahlen von 1—25 und die Zehner von 30—100 zu erhalten; dadurch, dass diese Consonanten mit verschiedenen Vocalen ausgesprochen werden, multiplicirt sich ihr Wert mit successiven Potenzen von 100 (so bedeutet *ga*, der dritte Consonant des Alphabets, 3; *gi* 300; *gu* 30000 u. s. w.). Dies künstliche System hat viel mehr von sich reden gemacht, als es verdient. Es ist weiter nichts als eine sinnreiche, sonst aber in keiner Weise historisch interessante Erfindung Āryabhaṭas, die es ihm ermöglichte, grosse Zahlen in einer möglichst kleinen Anzahl von Silben auszudrücken: er ist so im Stande, die ganzen numerischen Elemente seines astronomischen Systems in den zehn einleitenden Versen seines Werkes zusammenzufassen. Wie schon erwähnt, setzen Āryabhaṭas Rechenregeln das gewöhnliche decimale System voraus.

§ 49. Brahmagupta und Bhāskara. — Arithmetik. — Indem wir uns nun zu der Betrachtung des eigentlich mathematischen Wissens der Inder wenden, halten wir uns zunächst an die Schriften Brahmaguptas und Bhāskarācāryas, in denen dies Wissen in seiner entwickeltsten Form vorliegt; die mathematischen Werke dieser beiden Autoritäten liegen schon seit 1817 in Colebrookes vollständiger Übersetzung vor. Trotz vieler Eigentümlichkeiten im einzelnen repräsentiren diese beiden Autoren wesentlich dieselbe Stufe des Wissens; und über das von Bhāskara Geleistete sind die Inder überhaupt nicht hinausgekommen — wenn wir hier von dem verhältnismässig späten persisch-arabischen Einfluss absehen. Bhāskara gibt mehr als Brahmagupta; doch hat auch der letztere interessante Dinge, die sich bei dem ersteren nicht finden.

Beide Autoren unterscheiden höhere — algebraische — Operationen (bei Bhāskara *vīja-gaṇita* genannt) von der einfachen Arithmetik. Die der letzteren gewidmeten Kapitel handeln zunächst von den »acht Operationen«, d. s. Addition, Subtraction, Multiplication, Division, Erhebung in das Quadrat und den Cubus, Ausziehen von Quadrat- und Cubikwurzeln. Da die Inder Zahlen in derselben Weise schreiben wie wir, so sind die Methoden für diese Operationen natürlich wesentlich den modernen analog; doch fehlt es auch nicht an eigentümlichen Verfahrungsweisen: so wird z. B. zum Behuf der Multiplication, neben dem gewöhnlichen Verfahren, gelehrt, wie der Multiplicator in Factoren zu zerlegen ist, mit denen dann nacheinander multiplicirt wird. Andere Einzelheiten des rechnenden Verfahrens sind dadurch bedingt, dass die Operationen meist auf einer kleinen Tafel mit weisser Farbe ausgeführt werden, wobei es sich im Fortgange der Rechnung als bequem erweist, die vollendeten Teile derselben sofort auszulöschen, um Platz für die weiteren Operationen zu gewinnen. Die Methoden zur Erhebung in das Quadrat und den Cubus und zum Ausziehen von Quadrat- und Cubikwurzeln beruhen natürlich auf der Kenntnis der Formel $(a + b)^2 = a^2 + 2ab + b^2$ und der entsprechenden Formel für $(a + b)^3$. Die Terminologie für alle diese Operationen und die in sie eintretenden Elemente ist praktisch und bis ins einzelne ausgebildet; sie entspricht vielfach ganz der modernen. So bildet man z. B. aus *mūla* (Wurzel), *varga* (Quadrat) und *ghana* (Cubus) die Ausdrücke *varga-mūla* (Quadratwurzel) und *ghana-mūla* (Cubikwurzel). Brüche werden in der Weise geschrieben, dass der Nenner ohne trennenden Strich unter den Zähler gesetzt wird. Die Regeln über Brüche beschäftigen sich hauptsächlich mit der Zurückführung verschiedener Brüche auf einen gemeinsamen Nenner, worauf sich dann die verschiedenen arithmetischen Operationen ausführen lassen. Bhāskara hat ein besonderes Kapitel über die Rolle der Null in arithmetischen Operationen, und Ähnliches findet sich bereits bei Brahmagupta; die Angaben sind freilich im Ganzen müssiger Art, und erst ein Commentator Bhāskaras erklärt bestimmt, dass ein Bruch, welcher eine Null zum Nenner hat, eine »unendliche« Grösse darstellt. An die Darstellung der arithmetischen Operationen schliessen sich Regeln über die Anwendung derselben auf die Lösung von Aufgaben aus verschiedenen Gebieten der Praxis: Regel de tri, Zinsrechnung und Ähnliches. Die dazu gegebenen Beispiele zeichnen sich oft durch eine angenehme poetische Färbung aus, die von der hyper-abstracten und concisen Form der Regeln seltsam absticht. — Materien von mehr theoretischem Interesse erscheinen in den Kapiteln, welche von Permutationen, Combinationen und arithmetischen und geometrischen Progressionen handeln.

§ 50. Algebra. — Es ist schwierig, eine Übersicht der bedeutenden Leistungen der Inder auf dem Gebiete der eigentlichen Algebra zu geben, ohne tiefer in Einzelheiten einzugehen, als hier thunlich ist. Doch mögen die folgenden leitenden Punkte hervorgehoben werden. Die Inder besitzen eine leichte und praktische Methode, algebraische Ausdrücke und Formeln zu schreiben, und thun damit einem der ersten Erfordernisse zur Entwicklung der Algebra Genüge. Zu addirende Grössen werden einfach nebeneinandergesetzt; über die zu subtrahirende Grösse wird ein Punkt gesetzt, um sie damit als eine negative zu bezeichnen. Die Idee der negativen Grösse, als einer der Art nach von der positiven verschiedenen, wird bestimmt realisirt; die Termini sind *dhana* oder *sva* (Vermögen) für die letztere, *ṛṇa* oder *kṣaya* (Schulden) für die erstere. Multiplication wird angedeutet durch die Setzung der Anfangssilbe eines bezüglichen Wortes zwischen die Factoren; vorgesetztes *va* (von *varga*) bedeutet Quadrirung, vorgesetztes *gha* (*ghana*) bedeutet Cubirung; *va va* bedeutet die vierte, *va gha* die sechste Potenz u. s. w. Die unbekannte Grösse wird schon bei Brahmagupta durch *yā* (von *yāvat-tāvat*, d. h. quantum-tantum) bezeichnet, weitere Unbekannte durch die Anfangsbuchstaben von Wörtern, die verschiedene Farben bezeichnen (*kā* von *kālaka* schwarz, *nī* von *nīlaka* blau u. s. w.); vor bekannte Grössen wird *rū* (von *rūpaka* geprägte Münze) geschrieben. Einander gleichzusetzende Grössen werden ohne Gleichheitszeichen untereinander geschrieben.

Was bestimmte Gleichungen betrifft, so behandeln Brahmagupta und Bhāskara eine grosse Anzahl von Gleichungen des ersten Grades und besitzen die Theorie der Auflösung von quadratischen Gleichungen. Bhāskara kennt die paarweise auftretenden Wurzeln der quadratischen Gleichungen, verwirft aber die mit negativem Vorzeichen, »weil absolute negative Zahlen von den Leuten nicht gebilligt werden«. — Die indischen Mathematiker lösen ferner einzelne Probleme mit mehr als einer Unbekannten und behandeln eine Reihe einzelner Fälle von Gleichungen höheren Grades. — In allen diesen Beziehungen erhebt sich die indische Algebra erheblich über das von Diophant Geleistete.

Es ist aber auf dem Gebiete der unbestimmten Analytik von den Indern das Bedeutendste geleistet worden. Die indischen Algebraisten besitzen eine allgemeine Methode, die unbestimmte Gleichung des ersten Grades $ax + b = cy$ in ganzen Zahlen aufzulösen, eine Methode, die im wesentlichen mit der modernen Auflösung solcher Gleichungen durch Kettenbrüche übereinstimmt. (Der Sanskritname dieser Methode ist *kuṭṭaka*, von Colebrooke mit »pulverizer« übersetzt; daher etwa »Zerstäubungsmethode«). Sie verstehen es ferner, die Gleichung $xy = ax + by + c$ in ganzen Zahlen zu lösen nach einer Methode, von der Bhāskara einen anschaulichen geometrischen Beweis gibt. Und sie besitzen schliesslich — was den Höhepunkt ihrer Leistungen darstellt — eine Methode zur Auflösung der unbestimmten Gleichungen des zweiten Grades. Für die Details dieser Methode muss auf die Darstellungen bei Hankel (Zur Geschichte der Mathematik 200ff.) und Cantor (Vorlesungen über Geschichte der Mathematik I², 590ff.) verwiesen werden; Hankel nennt diese Methode das Feinste, was in der Zahlenlehre vor Lagrange geleistet worden ist; erst von letzterem Mathematiker wurde die Methode wiedererfunden und dann weiter ausgebildet. — Hankel und Cantor stimmen, gewiss mit Recht, in der Annahme überein, dass der Ursprung des Interesses, welches die Inder den Problemen der unbestimmten Analytik entgegenbrachten, in astronomisch-astrologischen Aufgaben lag, sogen. umgekehrten Kalenderaufgaben, die darauf ausgehen, festzustellen, zu welcher Zeit gewisse Constellationen stattfinden, und Ähnliches. Solche Probleme erforderten zu ihrer Lösung unbestimmte Gleichungen des ersten Grades; und es ist ganz begreiflich, dass das in dieser Weise einmal geweckte Interesse an diesem Zweig der Analyse später zur Behandlung von Gleichungen höheren Grades hinführte.

In Bezug auf Bhāskaras mathematisches Wissen müssen wir schliesslich auf das hinweisen, was er in dem astronomischen Teile seines Werkes über die Berechnung der *tātkālika* Bewegung eines Planeten zu sagen hat, worin man einen Process erkannt hat, der eine unverkennbare Analogie zu der modernen, auf Differentialrechnung beruhenden Methode aufweist. (Vgl. darüber die oben — Note zu § 38 — citirte Abhandlung Bāpu Deva Śāstrins und eine weitere in den Noten zu dieser Abhandlung genannte Arbeit desselben Verfassers; sowie zwei ebenda erwähnte Arbeiten Spottiswoodes in JRAS. Vols. XVII u. XX.)

§ 51. Geometrie. — Trigonometrie. — Die Entwickelung der Geometrie hat bei den Indern in keiner Weise mit derjenigen der Algebra gleichen Schritt gehalten. In letzterer Disciplin sind die Inder weit über das von den Griechen Geleistete hinausgegangen; in ihrer Geometrie dagegen findet sich fast nichts, was nicht auch den Griechen bekannt war, und andererseits besitzen sie nichts, was den höheren Teilen der griechischen Geometrie entspräche. Es fehlt völlig das Bestreben, welches die Darstellung der Griechen charakterisirt, die erkannten geometrischen Wahrheiten in einer fest verbundenen Kette logischer Schlüsse darzustellen, welche schliesslich auf einer kleinen Anzahl nicht weiter beweisbarer Axiome beruhen. Die Evidenz, mit der sich der Inder zufrieden gibt, ist entweder der Augenschein, insofern, als gewisse Gleichheiten und Congruenzen bei einer richtig gezeichneten geometrischen Figur sofort ins Auge fallen (die Figur wird gezeichnet und daneben geschrieben »Siehe!«), oder das Factum, dass der geometrische Satz sich in gewissen Fällen numerisch darstellen lässt (wie wenn die Wahrheit des Pythagoräischen Theorems aus der Betrachtung gewisser rechtwinkliger Dreiecke erhellt, deren Seiten sich alle in ganzen Zahlen ausdrücken lassen). Die den Indern bekannten geometrischen Sätze beschränken sich wesentlich auf die Berechnung von Drei- und Vierecken und des Kreises mit seinen eingezeichneten Figuren. Wir haben da zuerst den sogen. Pythagoräischen Satz mit eigentümlichen von den griechischen verschiedenen Beweisen. Wir haben ferner eine Anzahl von Formeln zur Berechnung der Flächen von Dreiecken und Vierecken verschiedener Art, wobei es sich besonders darum handelt, solche Figuren ausfindig zu machen, bei denen sich Perpendikel, Diagonale u. s. w. rational ausdrücken lassen. Die Methode ist durchaus numerisch berechnend; und vieles Einzelne ist entweder identisch mit dem von dem alexandrinischen Mathematiker Heron (100 v. Chr.) Gelehrten oder doch dem letzteren in allgemeiner Geistesrichtung nahe verwandt. Die Inder kennen ferner die Sätze, die zur Berechnung des Kreises, seiner Sehnen, seiner eingeschriebenen Polygone u. s. w. erforderlich sind. Bei Bhāskara finden sich die Seiten der Polygone bis zum Neuneck mit grosser Genauigkeit angegeben. Für π erscheinen in der indischen Mathematik als ältere Werte 3 und $\sqrt{10}$; der letztere Wert wird z. B. im Sūrya-Siddhānta verwendet. Schon bei Āryabhaṭa aber findet sich das Verhältnis $\frac{31416}{10000}$; Bhāskara gibt daneben als einen »ungenauen« Wert $\frac{22}{7}$ an, das dem Archimedes bekannte Verhältnis. Die richtige Regel über den Cubikinhalt einer Kugel findet sich bei Bhāskara. Was die indische Geometrie sonst über Körper zu sagen hat, ist nur ganz wenig.

Dass die indische Trigonometrie sich dadurch von der griechischen unterscheidet, dass sie statt der Sehne durchaus den Sinus anwendet, ist schon oben bemerkt worden (§ 47); ebenso (S. 34) dass sie sich einer mit Intervallen von $3^{\circ}45'$ fortschreitenden Sinustafel bedient und in eigentümlicher Weise den Radius in 3438 Minuten einteilt, deren der Quadrant des Kreises 5400 enthält, — eine auf $\pi = 3.1416$ beruhende Proportion. Die gewöhnliche indische Methode unterscheidet sich so von der der Griechen, welche, ohne Rücksicht auf die Peripherie, den Radius in 60 Teile zerlegten, mit weiteren sexagesimalen Unterabteilungen. Es ist aber von Interesse, zu finden, dass eine in der Pañcasiddhāntikā gegebene Sinustafel in einer der griechischen analogen Weise verfährt, indem daselbst der Radius in 120 Teile zerlegt wird, und jeder von diesen wieder in 60. Diese Sinustafel gehörte vielleicht dem Pauliśa-Siddhānta an. Die gewöhnliche indische Methode ist möglicherweise eine Erfindung Āryabhaṭas und von ihm in den jüngeren uns vorliegenden S. S. übergegangen. Bedeutend genauere Berechnungen der Sinus finden sich schliesslich bei Bhāskara, welcher auf Grund von Bestimmungen der Werte von $\sin 1^{\circ}$ und $\cos 1^{\circ}$, die erheblich besser sind als die Ptolemäischen, es lehrt, eine von 1° zu 1° fortschreitende Sinustabelle zu berechnen. — Die Trigonometrie ist den Indern durchaus nur in ihrer Anwendung auf astronomische Rechnungen bekannt.

§ 52. Ältere Quellen. — Āryabhaṭa. — Das Manuscript von Bakhshālī. — Sulva-Sūtras. — Wir wenden uns zu dem, was über die Vorstufen dieses nach Brahmagupta und Bhāskara kurz dargestellten mathematischen Wissens bekannt ist. Die Quellen fliessen hier sehr spärlich. Zunächst haben wir den mathematischen Abschnitt in Āryabhaṭas astronomischem Werke. Derselbe ist äusserst concis abgefasst und erschöpft vermutlich das mathematische Wissen des Verfassers nicht; immerhin erhellt daraus, dass Āryabhaṭa mit den Regeln zur Ausführung der arithmetischen Operationen einschliesslich des Ausziehens von Quadrat- und Cubikwurzeln durchaus vertraut war, und ebenso mit verschiedenen der oben erwähnten algebraischen Methoden; er löst Gleichungen des ersten Grades mit einer Unbekannten, ebenso die Gleichung $ax^2 + bx + c = 0$ und kennt die Kuṭṭaka-Methode (s. oben S. 73) zur Auflösung unbestimmter Gleichungen des ersten Grades. Der allgemeine Eindruck, den seine Regeln machen, ist, dass es sich hier um die concise Formulirung von Methoden handelt, die zu des Verfassers Zeit schon wohlbekannt waren. Auf geometrischem Gebiet ist auffällig, dass Āryabhaṭa, dem, wie oben erwähnt, der Wert von $\pi = 3.1416$ bekannt war, zwei völlig falsche Formeln für den Cubikinhalt der dreiseitigen Pyramide und der Kugel gibt. In der Terminologie unterscheidet er sich vielfach von den späteren Schriftstellern; er hat z. B. ein eigenes Wort zur Bezeichnung der unbekannten Grösse.

Wir haben ferner Bruchstücke eines in einem Manuscript auf Birkenrinde enthaltenen mathematischen Werkes, das man mit Cantor als das Rechenbuch von Bakhshālī bezeichnen mag. Dasselbe enthält eine Anzahl von Textaufgaben, darunter solche unbestimmter Art, zeigt Bekanntschaft mit der Summirung arithmetischer Reihen und hat mehrere interessante Eigentümlichkeiten in der Bezeichnung, indem es z. B. ein kreuzförmiges Zeichen zur Andeutung der Subtraction verwendet und die unbekannte Grösse als *śūnya* (Null) bezeichnet und vermittelst eines Punktes schreibt. Die Zeit der Abfassung des Werkes — dessen Manuscript etwa zwischen 700 und 900 n. Chr. geschrieben sein mag — lässt sich nicht genau bestimmen.

Wir haben schliesslich als unstreitig ältestes Denkmal indischen mathematischen, speciell geometrischen Wissens die sogen. Śulva-Sūtras, »Schnurregeln«, d. s. Abschnitte der vom brahmanischen Opferwesen handelnden Kalpa-Sūtras oder Nachträge zu ihnen. Diese merkwürdigen Schriften lehren nämlich, in welcher Weise — wobei zwischen Pfählen ausgespannte Schnüre eine grosse Rolle spielen — die für die verschiedenen Opfer erforderlichen Opferstätten, Altäre u. s. w. auszumessen sind, und geben zu diesem Zweck Regeln zur Herstellung von rechten Winkeln, Quadraten u. dgl., zur Verwandlung von Flächen bestimmter Art in andersartige von gleichem Inhalt und Ähnliches mehr. Diese Regeln setzen ein nicht unbeträchtliches Mass geometrischer Kenntnisse voraus: sie kennen das sogen. Pythagoräische Theorem, illustriren es durch die Angabe einer Anzahl rationaler rechtwinkliger Dreiecke, construiren mit seiner Hilfe Quadrate, die ein Vielfaches eines gegebenen Quadrates sind, verwandeln Rechtecke in Quadrate, geben einen annähernden Wert von $\sqrt{2}$ von bedeutender Genauigkeit und verwandeln Quadrate in Kreise und umgekehrt Kreise in Quadrate vermittelst ziemlich primitiver Annäherungsformeln, die von denen der späteren indischen Mathematiker verschieden sind. Dabei scheiden sich die Śulva-Sūtras durch ihre altertümliche Ausdrucksweise von der Darstellung der späteren mathematischen Werke scharf ab. Einzelne der technischen Ausdrücke der letzteren finden hier eine unerwartete Erklärung: so zeigt es sich z. B., dass *karaṇī*, die spätere Bezeichnung einer irrationalen Wurzel, eigentlich die Schnur bedeutet, die als Seite eines Quadrates dasselbe »macht« oder hervorbringt.

§ 53. Ursprung der indischen Mathematik. — Wir haben schliesslich die Frage aufzuwerfen, ob die ganze Entwickelung der Mathematik bei den Indern als eine selbständige anzusehen ist, oder ob sie fremden Anregungen entweder entsprungen oder doch durch solche in ihrem Fortgang wesentlich beeinflusst worden ist. Die Ähnlichkeit, welche Teile der indischen Mathematik mit Teilen der griechischen haben, legt diese Frage schon von selbst nahe; und dann sind wir ja ausserdem oben zu dem Schlusse gekommen, dass die wissenschaftliche Astronomie der Inder ein Ableger griechischer Wissenschaft ist. Und in welch engem Zusammenhange die Mathematik der Inder mit ihrer Astronomie steht, darauf haben wir schon mehrfach hingewiesen. Ein Eingehen auf die Möglichkeit griechischen Einflusses auch im Gebiete der Mathematik ist daher unabweislich. Es ist hier bedeutend schwieriger, zu einer Entscheidung zu kommen, als im Falle der Astronomie. Solch ganz unzweideutige äussere Indicien wie das Vorkommen von technischen Ausdrücken unverkennbar griechischen Ursprunges fehlen auf dem Gebiete der Mathematik. Ebenso fehlt es hier an einem Zusammentreffen der beiderseitigen Disciplinen in halbwahren Theorien, entsprechend etwa der Theorie der Epicyklen auf astronomischem Gebiete. Dass die Übereinstimmungen dieser speciellen Art eine ganz besondere Beweiskraft für thatsächlichen historischen Zusammenhang haben, ist evident. Die Abwesenheit solcher und ähnlicher Gründe ist natürlich den Ansprüchen der Inder auf Originalität im Gebiete der Mathematik in gewissem Grade günstig. Dazu kommen nun die schon oben berührten Umstände, dass wenigstens die Arithmetik der Inder in keiner Weise als aus Griechenland stammend angesehen werden kann, und dass in einigen höheren Gebieten, besonders dem der unbestimmten Analyse, ihre Leistungen bedeutend über die der Griechen hinausgegangen sind.

Trotz dieser Betrachtungen hat im Laufe der Zeit unter europäischen Gelehrten die Meinung mehr und mehr Boden gewonnen, dass auch auf dem Gebiete der indischen Mathematik griechischer Einfluss anzunehmen sei, besonders in ihrem geometrischen Teil, doch auch in gewissem Masse in der Algebra. Der Hauptvertreter dieser Ansicht ist gegenwärtig M. Cantor, der berühmte Geschichtschreiber der Mathematik; nach ihm ist das ganze geometrische Wissen der Inder von den Sulva-Sūtras an aus Alexandria entlehnt, und sind ferner von eben da, nämlich durch Diophant, bedeutende Anregungen auf dem Gebiete der Algebra gekommen. Diese Anregungen seien bei den für das Zahlenrechnen von Haus aus eminent begabten Indern auf einen besonders fruchtbaren Boden gefallen und hätten so zu einer schliesslich die griechische Wissenschaft selbst überholenden Entwickelung der Algebra Veranlassung gegeben. — Auf der anderen Seite muss erwähnt werden, dass eine andere gewichtige mathematische Autorität, H. Hankel (in seinem geistreichen Werk »Zur Geschichte der Mathematik im Alterthum und Mittelalter«, 1874) eine durchaus entgegengesetzte Ansicht vertritt; nach ihm ist die ganze indische Mathematik, einschliesslich ihres geometrischen Teiles, durchaus auf indischem Boden erwachsen. In Bezug auf die Algebra weist Cantor darauf hin, dass sich in einzelnen Formeln, in der Bezeichnung einzelner Operationen u. s. w. gewisse Übereinstimmungen zwischen den griechischen und den indischen Mathematikern finden; er gibt aber schliesslich zu, dass, während manches von griechischer Herkunft zu sein scheine, die Inder jedenfalls mit dem aus der Fremde zu ihnen Gekommenen staunenswerte eigene Leistungen verbunden haben. Wenn wir von dem nicht genau zu datirenden Rechenbuche von Bakhshālī absehen, so ist freilich der älteste uns bekannte indische Schriftsteller, welcher Algebraisches behandelt, Āryabhaṭa, und dieser ist schon bedeutend später als Diophant. Dass aber Algebra in Indien schon vor Āryabhaṭa betrieben wurde, ist zum mindesten nicht unwahrscheinlich; und Hankel neigt sich, mit Rücksicht einerseits auf die unläugbare Begabung der Inder für Algebra und andererseits auf die isolirte Stellung des Diophant in der Geschichte der griechischen Mathematik, der Ansicht zu, dass Diophant wenigstens unbestimmte Anregung von Indien empfing. — Seine Hauptargumente entnimmt Cantor freilich dem Gebiete der Geometrie: er ist der ganz bestimmten Ansicht, dass auf diesem Felde nichts Indisches original sei, und dass schon das Wissen der Sulva-Sūtras auf einer Aneignung griechisch-ägyptischer, speciell Heronischer Geometrie beruhe. Er beruft sich zum Beweis dieser Ansicht auf den allgemeinen Mangel der Inder an eigentlich geometrischer Begabung, im Contrast zu der eminenten Veranlagung der Griechen in dieser Richtung, auf die unzweifelhafte Geistesverwandtschaft indischer und Heronischer Geometrie und ganz besonders auf die thatsächliche Übereinstimmung gewisser den Indern bekannter Methoden und Formeln mit den bei Heron gegebenen.

In einer Frage, wo sich so eminente mathematische Autoritäten gegenüberstehen, ist es für den Verfasser dieser Arbeit schwer, entschiedene Stellung zu nehmen. Er verkennt nicht das Gewicht mehrerer von Cantor betonter Umstände, ist aber doch nicht im Stande, dessen Ansicht als durchaus erwiesen anzuerkennen. Die wenigen Bemerkungen, die über diesen Punkt im folgenden gemacht werden, beanspruchen weder die ganze Frage gründlich zu erörtern, noch auch eine der Cantors entgegengesetzte Ansicht als die allein mögliche zu befürworten. Sie bezwecken nur — wie es bei dem gegenwärtigen Stand der Forschung rätlich erscheint — derjenigen Auffassung gegenüber, welche heutzutage, hauptsächlich eben infolge der grossen Autorität Cantors, vorzuherrschen scheint, auf einige der Haupterwägungen hinzuweisen, die, wie der Verfasser glaubt, auch jetzt noch für die Unabhängigkeit der indischen Mathematik zu sprechen scheinen.

Da auf arithmetischem Gebiete die Inder anerkanntermassen ganz selbständig sind und sie ferner, wie ebenfalls allgemein zugegeben, in der Algebra weit über die griechischen Leistungen hinausgegangen sind, so wird man wohl sagen dürfen, dass die Annahme einer selbständigen Stellung der Inder auch auf letzterem Gebiete die a priori wahrscheinlichere ist. Und es erscheint zweifelhaft, ob die von Cantor auf diesem Felde gezeigten Übereinstimmungen (über welche die Einzelheiten bei ihm nachzusehen sind) als so schlagend und unzweideutig angesehen werden müssen, um ihretwegen die allgemein wahrscheinlichere Hypothese fallen zu lassen. Die von ihm für die Abhängigkeit indischer Geometrie vorgebrachten Gründe sind bedeutend gewichtigerer Natur. Doch lässt sich auch hier einiges auf der anderen Seite sagen. Dass die Inder auf diesem Gebiete nicht besonders begabt waren, ist zuzugeben; sie haben es darin nie sonderlich weit gebracht, und dass hier selbst ein Mann wie Āryabhaṭa sich so ganz wunderbare Versehen zu Schulden kommen lassen konnte wie die oben (§ 52) erwähnten, macht einen allerdings nachdenklich. Andererseits liefert aber doch der Umstand, dass ein Volk es auf einem bestimmten Gebiete nicht weit gebracht hat, keinen überzeugenden Beweis dafür, dass auch das wenige von ihm thatsächlich Geleistete fremden Ursprungs sein muss. Es lässt sich sehr wohl denken, dass die Inder, obwohl ohne tiefere Befähigung für Geometrie, im Stande waren, eine gewisse beschränkte Summe geometrischer Einsicht sich selbständig zu erwerben, und dann, zufrieden mit dem Erworbenen, welches für ihre praktischen Bedürfnisse durchaus ausreichte, von weiterem Fortschreiten absahen. Āryabhaṭa kommt eben da zu Schaden, wo er, aus dem Gebiete der traditionellen ebenen Geometrie herausgehend, sich an die weit schwierigere — ganz neue Anforderungen an das Anschauungsvermögen machende — Berechnung von Körpern wagt. — Die allgemeine Ähnlichkeit der Geistesrichtung der indischen und Heronischen Geometrie ist evident. Beide sind eben durchaus rechnender, praktischer Natur und bilden so in gleicher Weise einen entschiedenen Contrast zu der höheren, theoretischen Betrachtung der Wissenschaft, wie sie uns in Euclid und den anderen grossen griechischen Autoritäten vorliegt. Diese allgemeine Ähnlichkeit allein würde aber kaum hinreichen, es auch nur wahrscheinlich zu machen, dass die indische Geometrie ein blosser Ableger der Heronischen sein sollte. Die selbständige Entwickelung einer beschränkten Summe praktischer geometrischer Kenntnisse bei zwei verschiedenen Völkern hat durchaus nichts Auffälliges, und in Erwägung der Thatsache, dass Rechnen im allgemeinen eine starke Seite der Inder ausmacht, ist das Auftreten einer vorzugsweise berechnenden Geometrie bei ihnen ja gerade das, was wir von vornherein erwarten durften. — Es bleibt daher als wichtigster Beweisgrund für indische Abhängigkeit von Griechenland das gemeinsame Vorkommen gewisser bestimmter Regeln und Formeln. Einige der hier einschlagenden Fälle sind merkwürdig; immerhin bleibt es zu erwägen, ob sie genügen, den historischen Zusammenhang wirklich unabweislich zu machen. Gewisse Formeln, die von Heron entlehnt sein könnten, lassen sich auch ganz ohne Schwierigkeit als das Resultat indischer Erfindung auffassen; und andererseits fehlt es nicht an Fällen, wo der Mangel erwarteter Übereinstimmung zu denken gibt. — In Bezug auf etwaige Abhängigkeit der Śulva-Sūtras von Heron ist zu bemerken, dass diese Schriften wohl sicher als älter als Heron betrachtet werden müssen; sie sind wesentliche Teile der Kalpa-Sūtras, welch letztere kaum später als das dritte oder vierte vorchristliche Jahrhundert anzusetzen sind. Auf diesen Punkt ist jedoch kein Gewicht zu legen, da ein beträchtlicher Teil des in Heron enthaltenen geometrischen Wissens als bedeutend älter als dieser Autor angesehen werden darf; vieles einzelne war den Ägyptern schon in viel früherer Zeit bekannt und könnte möglicher Weise schon damals von ihnen den Indern mitgeteilt worden sein. — Was andererseits das gering entwickelte Wissen der Inder auf dem Gebiete der Trigonometrie betrifft, so erscheint es als durchaus wahrscheinlich, dass es ursprünglich von den Griechen zu ihnen gekommen ist, als ein wesentlicher Bestandteil der wissenschaftlichen astronomischen Theorie; es erscheint demnach in den älteren astronomischen reinen Theorien episodisch inmitten der astronomischen Lehren dargestellt. Das Überlieferte wurde dann in verschiedener Weise von den indischen Astronomen umgestaltet, wie wir dies oben gesehen haben. In Bezug auf den Gebrauch des Sinus seitens der Inder anstatt der von den Griechen angewandten Sehne bemerkt P. TANNERY — welcher geneigt ist, die griechische Trigonometrie nicht, wie man gewöhnlich thut, erst von Hipparch zu datiren — dass es nicht notwendig ist, darin einen originellen indischen Gedanken zu erblicken; es könne dies eine griechische Idee gewesen sein, welche Hipparch bei Seite setzte (Recherches sur l'Histoire de l'Astronomie ancienne p. 66). In Bezug auf die indische Einteilung des Viertelkreises in 24 Teile zum Behuf der Berechnung des Sinus erinnert uns derselbe Gelehrte an die Einteilung des Kreises durch Archimedes in 96 Teile (ebenda p. 65).

§ 54. Spätere Autoren. — Über andere Schriftsteller auf dem Gebiete der Mathematik als die bisher genannten ist nicht viel zu berichten. Bhāskara nennt als seine Vorgänger, neben Brahmagupta, Śrīdhara und Padmanābha. Von Śrīdhara ist ein von Arithmetik handelndes Werk, Namens Triśatikā, erhalten, aber noch nicht veröffentlicht. Aus der Zeit nach Bhāskara sind dessen Commentatoren zu nennen, aus denen COLEBROOKE in den Noten seines grossen Werkes vielfache Auszüge gibt. — Zu der Zeit, als die arabisch-persische Astronomie anfing, die indische zu beeinflussen, fanden natürlich auch westliche Kenntnisse auf dem Gebiete der Mathematik in Indien Eingang. Einiges davon wurde schon oben in dem astronomischen Kapitel berührt, so die Übersetzung der Elemente Euclids in das Sanskrit (§ 41). Es fehlt noch ganz an detaillirter Forschung auf diesem freilich nicht besonders wichtigen Gebiete. Einiges unzweifelhaft auf westlichen Quellen Beruhende über mathematische Dinge findet sich in dem astronomischen Werke des Kamalākara (s. oben § 40); aus dieser Quelle stammen die »Extracts from a modern Hindoo Treatise on Astronomy«, welche E. STRACHEY in seinem »Bija Ganita or the Algebra of the Hindus« (London 1818) mitteilt (p. 110 ff.).

Die Hauptquelle für die Kenntnis der indischen Mathematik ist COLEBROOKES 1817 erschienenes Werk »Algebra with Arithmetic and Mensuration from the Sanscrit of Brahmegupta and Bháskara«, welches vollständige Übersetzungen von Bhāskaras Līlāvatī (über Arithmetik) und Vījagaṇita (Algebra) und von den mathematischen Kapiteln von Brahmaguptas astronomischem Siddhānta enthält, mit zahlreichen Auszügen aus den Commentatoren der beiden Schriftsteller. Der Sanskrittext von Bhāskaras beiden Werken ist wiederholt in Indien herausgegeben worden. COLEBROOKES Buch hat eine höchst wertvolle Einleitung, die (um nur auf ihren eigentlich mathematischen Teil Rücksicht zu nehmen) den Charakter und das Alter der indischen Mathematik bespricht und ihr Verhältnis zu der griechischen und arabischen Mathematik untersucht; die Einleitung ist wieder abgedruckt Misc. Ess. New Ed. II, 375 ff. — Darstellungen der indischen Mathematik und Untersuchungen über ihren Ursprung sind seitdem zahlreich gegeben worden; die wichtigsten sind die im Text schon erwähnten CANTORS und HANKELS. Vgl. darüber ferner ARNETH, Geschichte der reinen Mathematik (1852); BROCKHAUS, Über die Algebra des Bhāskara (Berichte der Sächs. Ges. d. Wiss., Phil.-hist. Cl., 1852). — Das mathematische Kapitel Āryabhaṭas behandelt L. RODET, Leçons de Calcul d'Āryabhaṭa (Journal Asiatique, Série 7, Tome 13, 1879). — Mit dem sogen. Rechenbuche von Bakhshālī wurden wir bekannt gemacht durch HOERNLE, Ind. Ant. Vol. XVII. — Von einzelnen Punkten der späteren Geometrie handeln CHASLES im »Aperçu historique sur l'Origine etc. des Méthodes en Géométrie«, 2. Éd. 1875, und WEISSENBORN, Das Trapez bei Euclid, Heron und Brahmagupta (Supplementheft d. hist.-lit. Abthlg. d. Ztschr. f. Math. u. Phys. XXIV, 1879). — Über die Śulvasūtras vgl. G. THIBAUT, On the Śulvasútras (JASB. XLIV); CANTOR, Gräko-indische Studien, Ztschr. f. Math. u. Phys. XXII, Hist.-lit. Abthlg.; HUNRATH, Über das Ausziehen der Quadratwurzel bei Griechen und Indern, 1883; L. V. SCHROEDER, Indiens Literatur und Cultur, 718 ff. Die uns bekannten Śulvasūtras bilden Abschnitte der Kalpasūtras des Baudhāyana, des Āpastamba und der Mānavas; zum Sūtra des Kātyāyana haben wir ein Śulvapariśiṣṭa. Das Śulvasūtra des Baudhāyana wurde mit englischer Übersetzung edirt von G. Thibaut, im Pandit, Vol. IX ff.; ebenda, New Series, Vol. IV, ein Teil des Kātyāyana-Pariśiṣṭa. — Es gibt auch verschiedene spätere Sanskritwerke, in denen die zu Opferzwecken erforderlichen geometrischen Methoden vorgetragen werden, meist mit Vermischung älterer und jüngerer Regeln, und eine analoge Schriftenreihe, die, durchaus auf späterem Standpunkt stehend, von der Herstellung der sogen. Kuṇḍas handelt.

Die Trigonometrie der Inder wird von den Geschichtschreibern der Mathematik, Cantor, Hankel u. a. behandelt, ferner in den Übersetzungen astronomischer Werke, den Abhandlungen über Astronomie u. s. w. Besonders zu vergleichen sind die Ausführungen in der Übersetzung des Sūrya-Siddhānta von Burgess-Whitney (JAOS. VI). — Bhāskaras trigonometrisches Kapitel ist übersetzt als Anhang zu Wilkinsons Übersetzung des Golādhyāya des Siddhānta-Śiromaṇi, Calc. 1861—62. — Über mathematische Autoren geringerer Bedeutung findet sich vielfache Auskunft in Paṇḍit Sudhākar Dvivedis Gaṇaka-Taraṅgiṇī.

Druckfehler.

S. 6, letzte Zeile: statt SBD. lies ŚBD.
S. 19, Z. 39: statt Satapaṭha lies Śatapatha.
S. 28, Z. 36: statt Ṛgvedā lies Ṛgveda.
S. 37, Z. 2 v. u.: statt Vahāra-Mihira lies Varāha-Mihira.

ABKÜRZUNGEN.

Ā. Bh. = Āryabhaṭa.
Ai. Brā. = Aitareya-Brāhmaṇa.
AIL. = ZIMMER, Altindisches Leben.
As. Res. = Asiatic Researches.
Ath. S. = Atharvaveda-Saṃhitā.
Bh. = Bhāskarācārya.
Bibl. Ind. = Bibliotheca Indica.
BrG. = Brahmagupta.
Corp. Inscr. Ind. = Corpus Inscriptionum Indicarum.
Ga. Ta. = Gaṇaka-taraṅgiṇī.
Ind. Ant. = Indian Antiquary.
ISt. oder Ind. Stud. = Indische Studien.
JAOS. = Journal American Oriental Society.
JASB. = Journal Asiatic Society of Bengal.
JRAS. = Journal Royal Asiatic Society.
Jyo. Ved. = Jyotiṣa-Vedāṅga.
Kau. Brā. = Kauṣītaki-Brāhmaṇa.
Kh. Kh. = Khaṇḍakhādyaka.
Pait. Si. = Paitāmaha-Siddhānta.
Pau. Si. = Pauliśa-Siddhānta.
Proc. AOS. = Proceedings American Oriental Society.
P. S. = Pañcasiddhāntikā.
Ṛk. S. = Ṛgveda-Saṃhitā.
Ro. Si. = Romaka-Siddhānta.
Śa. Brā. = Śatapatha-Brāhmaṇa.
ŚBD. = Ś. B. DIKṢIT, Bhāratīya Jyotiḥ-Śāstra.
Si. = Siddhānta.
Si. Śi. = Siddhānta-Śiromaṇi.
Sph. Si. = Sphuṭa-Siddhānta.
S. S. = Sūrya-Siddhānta.
Sū. Pr. = Sūryaprajñapti.
Vā. Si. = Vāsiṣṭha-Siddhānta.
V. M. = Varāha-Mihira.
ZDMG. = Zeitschrift der Deutschen Morgenländischen Gesellschaft.

INHALT.

VERLAG VON KARL J. TRÜBNER IN STRASSBURG.

Grundriss

der

Indo-arischen Philologie und Altertumskunde.

Plan des Werkes.

Band I. Allgemeines und Sprache.

1) *a) Georg Bühler von J. Jolly. Mit einem Bildnis Bühlers in Heliogravüre. [Subskr.-Preis M. 2.—, Einzelpreis M. 2.50.]
b) Geschichte der indo-arischen Philologie und Altertumskunde von Ernst Kuhn.
2) Vorgeschichte der indo-arischen Sprachen von R. Meringer.
3) a) Die indischen Systeme der Grammatik, Phonetik und Etymologie von B. Liebich.
*b) Die indischen Wörterbücher (Koṣa) von Th. Zachariae [Subskr.-Preis M. 2.—, Einzelpreis M. 2.50].
4) Grammatik der vedischen Dialecte von A. A. Macdonell (englisch).
5) Grammatik des classischen Sanskrit der Grammatiker, der Litteratur und der Inschriften, sowie der Mischdialekte (epischer und nordbuddhistischer) von H. Lüders.
*6) Vedische und Sanskrit-Syntax von J. S. Speyer [Subskr.-Preis M. 4.—, Einzelpreis M. 5.—.]
7) Paligrammatiker, Paligrammatik von O. Franke.
8) Prakritgrammatiker, Prakritgrammatik von R. Pischel.
9) Grammatik und Litteratur des tertiären Prakrits von Indien von G. A. Grierson (englisch).
10) Grammatik und Litteratur des Singhalesischen von Wilh. Geiger.
*11) Indische Paläographie (mit 17 Tafeln in Mappe) von G. Bühler [Subskr.-Preis M. 15.—, Einzelpreis M. 18.50].

Band II. Litteratur und Geschichte.

1) Vedische Litteratur (Śruti).
a) Die drei Veden von K. Geldner.
b) The Atharvaveda and the Gopatha-Brāhmaṇa by M. Bloomfield (englisch). [Unter der Presse].
2) Epische und classische Litteratur (einschliesslich der Poetik und der Metrik) von H. Jacobi.
3) Quellen der indischen Geschichte.
a) Litterarische Werke und Inschriften von F. Kielhorn (englisch).
*b) Indian Coins. With five plates. By E. J. Rapson (englisch) [Subskr.-Preis M. 5.—, Einzelpreis M. 6.—]
4) Geographie von M. A. Stein.
5) Ethnographie von A. Baines (englisch).
6) Staatsaltertümer } von J. Jolly
7) Privataltertümer } und Sir R. West (englisch).
*8) Recht und Sitte (einschliesslich der einheimischen Litteratur) von J. Jolly [Subskr.-Preis M. 6.50, Einzelpreis M. 8.—].
9) Politische Geschichte bis zur muhammedanischen Eroberung von J. F. Fleet (englisch).

Band III. Religion, weltliche Wissenschaften und Kunst.

1) *a) Vedic Mythology by A. A. Macdonell (englisch) [Subskr.-Preis M. 7.50, Einzelpreis M. 9.—].
b) Epische Mythologie von M. Winternitz.
*2) Ritual-Litteratur, Vedische Opfer und Zauber von A. Hillebrandt [Subskr.-Preis M. 8.—, Einzelpreis M. 9.50].
3) Vedānta und Mīmāṃsā von G. Thibaut.
*4) Sāṃkhya und Yoga von R. Garbe [Subskr.-Preis M. 2.50, Einzelpreis M. 3.—].
5) Nyāya und Vaiśeṣika von A. Venis (englisch).
6) Vaiṣṇavas, Śaivas, Sauras, Gāṇapatas, Skāndas, Śāktas . . . . } Bhaktimārga } von R. G. Bhandarkar (englisch).
7) Jainas von E. Leumann.
*8) Manual of Indian Buddhism by H. Kern (englisch) [Subskr.-Preis M. 5.50, Einzelpreis M. 7.—].
*9) Astronomie, Astrologie und Mathematik von G. Thibaut [Subskr.-Preis M. 3.50, Einzelpreis M. 4.—].
10) Medizin von J. Jolly.
11) Bildende Kunst (mit Illustrationen) von J. Burgess (englisch).
12) Musik.

NB. Die mit * bezeichneten Hefte sind bereits erschienen und zu den beigesetzten Preisen durch die meisten Buchhandlungen zu beziehen.

www.ingramcontent.com/pod-product-compliance
Lightning Source LLC
Chambersburg PA
CBHW050603210326
41521CB00008B/1089
* 9 7 8 2 0 1 2 6 3 7 2 5 2 *